U0256540

中国西北地区重点水域渔业资源与环境保护丛书

新疆伊犁河
浮游植物图谱

XINJIANG YILI HE
FUYOU ZHIWU TUPU

李晓莉 等 / 著

   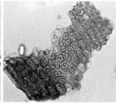  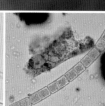

中国农业出版社
北 京

丛书编委会

主编：王玉梅　霍堂斌

编委：张人铭　刘家寿　周　琼　倪朝辉

　　　徐东坡　李应仁　李　谷　马　波

　　　娄忠玉　李　强　陈生熬　魏文燕

　　　祁洪芳

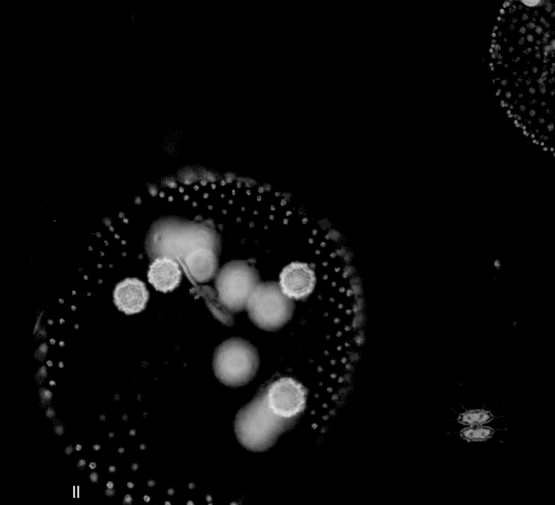

本书著者名单

李晓莉　李天丽　张　燕　李云峰

倪朝晖　彭　亮　茹辉军　高立方

我国西北地区地域辽阔、荒漠广布、国际边境线漫长，是气候变化的敏感区和生态脆弱区，也是我国重要的战略纵深与回旋空间和重要的生态安全屏障，因特殊的地形地貌和地理隔离，其鱼类区系组成复杂，特有程度高，在动物地理学和动物分类学上具典型性，是生物多样性重点保护区，极具种质资源保护价值。近年来受农业开发、水电工程建设、过度捕捞、外来物种入侵、水资源过度利用等人类活动的影响，西北地区自然水域渔业资源急剧衰退，物种濒危形势严峻，生态环境压力增大。因此，系统掌握我国西北地区重要水域渔业资源本底状况意义重大。

2019 年农业农村部批复立项"西北地区重点水域渔业资源与环境调查"财政专项，覆盖新疆、青海、甘肃、宁夏和内蒙古五省（自治区）重点水域。项目由中国水产科学研究院牵头，组织 13 家科研单位系统地开展了西北地区重点水域鱼类组成与结构、鱼类生态学、鱼类资源量、濒危物种、湖库渔业产业结构、鱼类栖息地、饵料生物、水体理化环境调查和渔业管理现状及政府决策服务调研等九个方面的工作，并结合西北地区 50 年左右重要河湖生境变化的研究，分析了西北地区重要水域渔业资源和环境动态，为渔业资源保护和可持续利用提供科学依据。

《中国西北地区重点水域渔业资源与环境保护丛书》是一项很有价值的科研成果。本丛书根植于众多科技工作者连续多年对西北地区重点水域渔业资源与环境的深度调查和研究，选择了代表性强、生态价值高、对经济社会发展影响重大的典型水域，如覆盖额尔齐斯河、伊犁河、塔里木河以及乌伦古湖、艾比湖、博斯腾湖、青海湖等重点水域，对其渔业资源家底和生态环境现状以及面临的问题进行分析，总结了资源养护和环境修复的技术进展和发展方向，填补了西北地区渔业资源系统调查的空白。

　　作为国内首套全面介绍我国西北地区渔业资源与环境的专著，其出版、发行具有重要的学术价值和文献价值，将为相关领域的科技工作者提供有益参考，为政府部门科学决策提供数据支撑，为广大读者普及渔业资源与环境保护专业知识。

中国工程院院士　唐启升

2024 年 11 月

FOREWORD 前言

　　伊犁河是跨越中国和哈萨克斯坦的国际河流，也是新疆最大的一条河流。其主源特克斯河发源于天山汗腾格里峰，与支流巩乃斯河汇合后称伊犁河，西流至霍尔果斯河进入哈萨克斯坦境内，最后注入中亚的巴尔喀什湖。从河源至入湖口，全长 1 236 km，流域面积 15.1 万 km²，其中中国境内河长 442 km，流域面积约 5.6 万 km²。伊犁河水资源丰富，年径流量 15.865 亿 hm³，蕴藏着巨大的经济价值，同时具有良好的生态环境保护功能。

　　浮游植物是河流生态系统中重要的生态类群，因其个体小、细胞结构简单、生命周期短等特点，对栖息环境的变化极为敏感，因此浮游植物较其他生物类群而言，其种类组成和分布的变化对生态环境的变化反应更及时。关于伊犁河浮游植物相关研究尚未见报道。鉴于此，对伊犁河藻类属性迅速和准确的鉴别作为开展伊犁河浮游植物研究工作的基础是重要且迫切的，对伊犁河水生态系统的研究和环境质量与功能的评价均有重要的意义。2019 年以来，中国水产科学研究院长江水产研究所在农业农村部财政专项项目"西北地区重点水域渔业资源与环境调查"的资助下，历时三年，采用全覆盖的科学方法对伊犁河全流域各河段的浮游植物进行了全面调查，逐月对伊犁河的浮游植物进行了定性与定量采集、鉴定、计数和拍照，终成本书。本书共收集了 8 门 71 个属藻类的图片，并简要描述了其分类地位、形态特征和生境信息。同时为方便查阅，特按各个门类编制了分属检索表与物种索引。在成书的过程中，编者也关注了藻类分类学研究的新进展，及时更改了数个属种的命名。

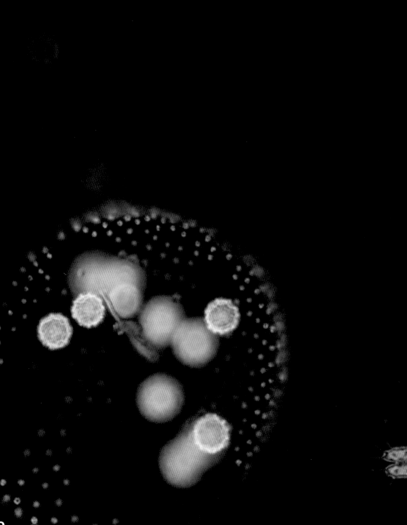

本书图文并茂，信息丰富，是开展伊犁河资源调查的基础资料。由于编者学识和水平以及编写时间的限制，书中的疏漏和错误在所难免，真诚期待和欢迎读者对本书提出批评或建议。

著　者

2024 年 6 月

2019 年 6 月至 2021 年 12 月，在伊犁河全流域布设 25 个采样点（样点分布见下表和下图）逐月采样，开展浮游植物采集和调查工作。浮游植物的定性样品采用孔径为 64 μm 的 25 号浮游植物采集网进行采集，收集的样品采用 10% 甲醛固定保存，用于后续的鉴定。定量样品采用有机玻璃采水器在水面下 0.5 m 处采集 1 L 水样，加入 10 mL 鲁哥氏碘液固定浓缩至 30 mL，用于后续的定量分析。

本书中藻类分类鉴定所采用的分类体系主要参照《中国淡水藻类——系统、分类及生态》一书，将藻类按照不同门类进行划分，并编制分属检索表，描述不同物种的分类地位、形态特征、生境信息同时附有显微图片等。

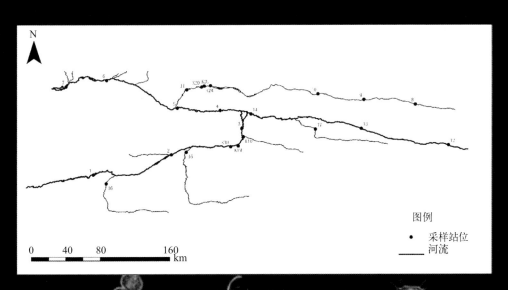

图　伊犁河流域及采样位置示意图

表　伊犁河流域采样站位布设

水域名称	水体类型	采样站位	站位	经纬度（E/N）（°）	海拔（m）
特克斯河	一级支流	1	土克土	80.958 1/42.949 3	1 642
		2	阔布村	81.759 9/43.154 4	1 244
		3	龙口	82.488 5/43.422 4	865
伊犁河	干流	4	巩留	82.262 2/43.601 1	762
		5	雅玛渡	81.820 9/43.625 7	697
		6	伊犁	81.092 2/43.904 3	577
		7	爱新色里	80.667 2/43.840 7	540
喀什河	一级支流	8	纪念碑	84.291 7/43.662 0	2 244
		9	阿克塔斯	83.755 4/43.709 5	1 830
		10	温泉电站坝下	83.280 6/43.766 9	1 511
		11	英阿瓦提	81.917 2/43.809 9	812
巩乃斯河	一级支流	12	巩乃斯沟乡	84.639 0/43.268 5	1 906
		13	沙哈吾特克勒	83.728 0/43.417 0	1 085
		14	畜牧大队	82.582 0/43.564 6	798
阔克苏河	二级支流	15	阔克苏	81.910 4/43.179 7	1 082
阿合牙孜河	二级支流	16	喀夏加尔	81.088 0/42.861 4	1 723
恰甫河	二级支流	17	库尔干村	83.253 9/43.410 6	960
特克斯河——恰甫其海水库	附属水库 K1	K1U(K1 库尾)	—	82.370 7/43.234 2	992
		K1M(K1 中游)	—	82.448 7/43.242 0	990
		K1D(K1 坝前)	—	82.502 8/43.333 7	985
喀什河——温泉水库	附属水库 K2	K2U(K2 库尾)	—	82.160 6/43.850 3	954
		K2M(K2 中游)	—	82.095 6/43.846 4	945
		K2D(K2 坝前)	—	82.068 1/43.837 3	932

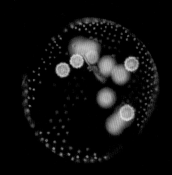

CONTENTS 目 录

第一篇

伊犁河概况

一、简介

伊犁河是新疆维吾尔自治区第一大河流，流域面积为伊犁地区8县1市（图1）。流域水系的密度居新疆之首。大于10 km的Ⅱ级及以上支流共有105条。按山系的地貌单元和坡向分布，一般大河为东西向，小河为南北向。

伊犁河有三大支流，即南支特克斯河、中支巩乃斯河和北支喀什河。

特克斯河最长，是伊犁河的主源，发源于天山主峰汗腾格里峰（海拔6 995 m）的北侧。由西向东流，经昭苏盆地和特克斯谷地，向北穿越伊什格力克山，同巩乃斯河交汇。我国境内河长237 km，卡甫其海站以上流域面积27 964 km²。流域内支流密布，以右岸最为丰富，呈树枝状。主要支流有木扎特河、夏塔河、阿克牙孜河和阔克苏河等。

喀什河次之。它发源于依连哈比尔朵山，穿行在婆罗科努山和阿晋拉勒山的山间谷地，由东向西流，在雅马渡以上汇入伊犁河。河长316 km，流域面积10 225 km²，占伊犁河流域面积的18.4%。支流多在右岸，呈平行分布。

巩乃斯河最小。它发源于阿吾拉勒山和依连哈比尔尕山的交接处，与喀什河河源相邻。由东向西流，大致成一直线，同特克斯河交汇后注入伊犁河，河长258 km，流域面积7 213 km²，占伊犁河流域面积的13.0%。流域形似柳叶，主要支流为恰甫河。

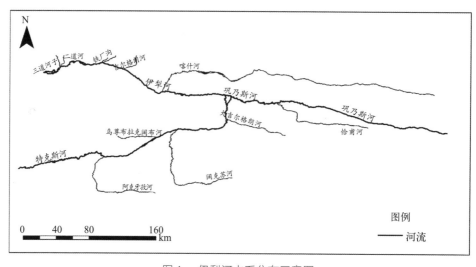

图1　伊犁河水系分布示意图

二、伊犁河水质概况

伊犁河地处新疆的北方，昼夜温差大，四季气温变化明显，因此河水水温也随之变化剧烈。流入伊犁河的喀什河和巩乃斯河的水源发源地均处高海拔，全年大部分时间积雪，故导致整个伊犁河水系的水温变化较大。冬季河水可为 0℃，6 月水温可达 23.9℃。

在监测时段内，整个伊犁河的溶解氧含量在 7.7～13.3 mg/L 范围内，平均值为10.22 mg/L，整个河流水质溶氧变化范围较小，溶氧丰富。pH 在 6.54～8.35 范围内，均值为 8.02，水质呈弱碱性，溶解氧和 pH 均满足《地表水环境质量标准》（GB 3838—2002）。伊犁河主要水质物理指标见表 1。

表 1　伊犁河主要水质物理指标

水域名称	水温（℃）	溶解氧含量（mg/L）	pH	透明度（cm）	水深（m）	电导率（μs/m）
特克斯河	0.5～19.4	0.83~13.36	8.06~8.35	20~150	0.5~3	228~384
伊犁河	0.4~23.9	7.73~13.58	7.52~8.30	15~150	0.5~3	318~1 655
喀什河	0.5~17	8.69~13.33	7.78~8.18	30~150	0.5~2.5	113.8~429
巩乃斯河	0~11.6	7.90~13.33	7.77~8.11	15~100	0.5~3.5	157~55
恰甫河	0.6~13.2	9.21~12.64	8.24~6.54	12~100	0.7~3	227~525
阔克苏河	0~13.4	8.96~12.43	8.15~7.71	20~110	0.2~2	236~343
阿合牙孜河	0.3~13.0	9.21~13.30	8.24~8.48	40~100	0.2~1	260~424
恰甫其海水库	0.3~22.0	8.11~12.69	7.90~8.44	50~100	10~70	271~434
温泉电站水库	0.9~23.0	6.8~12.24	7.44~8.57	110~250	10~70	275~315

整个伊犁河的水质质量状况良好，总磷、总氮、氨氮和高锰酸盐指数的全年平均值分别为 0.020 mg/L、1.162 mg/L、0.027 mg/L 和 1.226 mg/L，总磷、氨氮、高锰酸盐指数均达到了《地表水环境质量标准》（GB 3838—2002）中 I 类水质标准，总氮接近III 类水质标准（湖、库）。硝酸盐氮为 1.115 mg/L，显著低于（GB 3838—2002）中表2 "集中式生活饮用水地表水源地补充项目标准限值" 中的硝酸盐标准值（10 mg/L）。氨氮和高锰酸盐指数也显著低于《生活饮用水水质标准》（DB 4403/T 60—2020）中的

标准值。伊犁河主要水质化学指标见图 2。

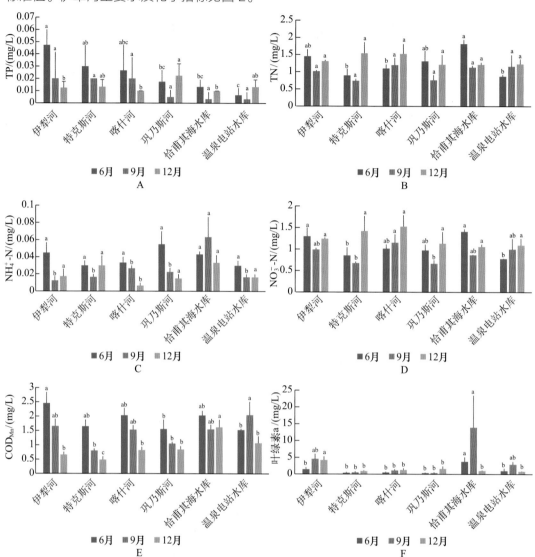

A.TP　B.TN　C.NH$_4^+$-N　D.NO$_3^-$-N　E.COD$_{Mn}$　F. 叶绿素 a

图 2　伊犁河主要水质化学指标

三、伊犁河浮游植物概况

1. 物种组成

（1）种类数　调查工作从定性、定量标本中共鉴定出浮游植物 7 门 71 属 141 种，其中硅藻门最多，共 70 种，占比 49.65%，其次是绿藻门 40 种，占比 28.37%，再次是蓝藻门 17 种，占比 12.06%，裸藻门、金藻门、甲藻门、隐藻门种类较少，分别为 2 种、4 种、3 种和 5 种，合计占比不到 10%。详细信息如表 2 所示：特克斯河段（干流河源）藻类共 68 种，由于各支流水体的汇入，伊犁河干流段藻类增加至 77 种，伊犁河干流与特克斯河相比，蓝藻门、绿藻门种类增加，硅藻门种类减少。支流方面，巩乃斯河种类最多，为 79 种，其次是喀什河，为 70 种，3 条二级支流（阔克苏河、阿合牙孜河及恰甫河）种类较少，分别为 43 种、32 种和 37 种，明显低于 3 条一级支流和干流。恰甫其海水库和温泉电站水库分别为 70 种和 68 种，与河流种类数相近，水库中绿藻门种类明显多于支流，隐藻门只在水库样本中出现。

表 2　伊犁河浮游植物各门种数及占总种数的百分比

河段	硅藻门种数 百分比 /%	蓝藻门种数 百分比 /%	绿藻门种数 百分比 /%	裸藻门种数 百分比 /%	甲藻门种数 百分比 /%	金藻门种数 百分比 /%	隐藻门种数 百分比 /%	合计 / 种
特克斯河	47(69.12)	9(13.24)	6(8.82)	2(2.94)	4(5.88)	—	—	68
伊犁河干流	36(46.75)	15(19.48)	20(25.97)	2(2.60)	4(5.19)	—	—	77
喀什河	43(61.43)	7(10.00)	16(22.86)	2(2.86)	2(2.86)	—	—	70
巩乃斯河	54(68.35)	13(16.46)	10(12.66)	1(1.27)	1(1.27)	—	—	79
阔克苏河	30(69.78)	5(11.63)	5(11.63)	1(2.33)	1(2.33)	1(2.33)	—	43
阿合牙孜河	27(84.38)	2(6.25)	2(6.25)	—	1(3.13)	—	—	32
恰甫河	28(75.68)	5(13.51)	2(5.41)	1(2.70)	1(2.70)	—	—	37
恰甫其海水库	34(48.57)	8(11.43)	15(21.43)	1(1.43)	4(5.71)	3(4.29)	5(7.14)	70
温泉电站水库	32(47.06)	6(8.82)	19(27.94)	1(1.47)	4(5.88)	2(2.94)	4(5.88)	68

注："—"表示未检出种。

从季节变化上来看（图 3），伊犁河浮游植物种数随季节的变化因河流而异。特克斯河、喀什河及巩乃斯河上游表现为 6 月种数多于 9 月和 12 月，且随水流方向种数逐渐减少；干流以及巩乃斯河口则是 9 月种数多于 12 月，12 月种数多于 6 月，3 条二级支流和 2 个水库均是 12 月种数最少。

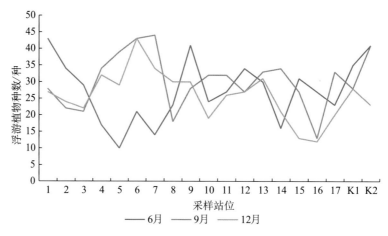

图 3　伊犁河浮游植物种数的季节变化

（2）优势种　伊犁河优势种如表 3 所示，三次采样均为优势种的有硅藻门的脆杆藻、小环藻、针杆藻、舟形藻、桥弯藻、异极藻，6 月伊犁河的优势种还有硅藻门的卵形藻、

表 3　伊犁河浮游植物优势种

门	优势种	6 月	9 月	12 月
硅藻门	脆杆藻 *Fragilaria* sp.	0.08	0.30	0.06
	小环藻 *Cyclotella* sp.	0.03	0.13	0.11
	针杆藻 *Synedra* sp.	0.04	0.02	0.04
	舟形藻 *Navicula* sp.	0.07	0.04	0.04
	桥弯藻 *Cymbella* sp.	0.07	0.03	0.03
	异极藻 *Gomphonema* sp.	0.06	0.03	0.05
	美丽星杆藻 *Asterionella formosa*	—	—	0.07
	卵形藻 *Cocconeis* sp.	0.01	—	0.01
	曲壳藻 *Achnanthes* sp.	—	—	0.01
	羽纹藻 *Pinnularia* sp.	0.02	—	—
	菱形藻 *Nitzschia* sp.	0.01	—	—
	等片藻 *Diatoma* sp.	—	—	0.04
	普通等片藻 *Diatoma vulgare*	—	—	0.07
	长等片藻 *Diatoma elongatum*	—	—	0.05

（续）

门	优势种	6月	9月	12月
蓝藻门	螺旋鞘丝藻 *Lyngbya contarta*	0.02	—	—
	颤藻 *Oscillatoria* sp.	0.03	—	—
	鞘丝藻 *Lyngbya* sp.	0.03	0.02	—
	伪鱼腥藻 *Pseudoanabaena* sp.	—	0.01	—
绿藻门	小球藻 *Chlorella* sp.	0.01	—	—

羽纹藻、菱形藻，蓝藻门的鞘丝藻、螺旋鞘丝藻、颤藻，以及绿藻门的小球藻。另外，小球藻、卵形藻和并联藻仅为水库中的优势种且优势度较高。9月优势种还有蓝藻门的鞘丝藻、伪鱼腥藻，其中小环藻和脆杆藻为全流域的优势种。12月伊犁河的优势种还有硅藻门的等片藻、美丽星杆藻、卵形藻、曲壳藻，其中脆杆藻、等片藻和异极藻为全流域的优势种，金杯藻仅为恰甫其海水库中的优势种。脆杆藻为全流域全年的优势种。优势种中硅藻门占比最高，范围为71.00%～86.96%，最大占比出现在12月。

2. 伊犁河浮游植物密度

伊犁河浮游植物密度如图4所示，变化范围为1.25×10^4～209.58×10^4 cells/L，年均值为30.77×10^4 cells/L。6月、9月、12月的均值分别为30.76×10^4 cells/L、66.51×10^4 cells/L、26.22×10^4 cells/L，季节变化表现为9月>6月>12月。空间分布特征方面，6月伊犁河干流浮游植物数量最小，范围为1.25×10^4～7.75×10^4 cells/L；3条一级支流浮游植物数量总体表现为随水流方向逐渐降低的趋势，变化范围为5.35×10^4～149.00×10^4 cells/L；3条二级支流阔克苏河、阿合牙孜河、恰甫河的浮游植物在同一个数量级上，范围为21.94×10^4～41.75×10^4 cells/L。硅藻门和蓝藻门的数量占绝对优势，合计占比在95%以上（除干流河段外）。9月特克斯河和干流河段藻类数量随水流方向逐渐增多，与6月完全相反；喀什河9月浮游植物数量较少，除河口点位较高外，其余点位范围为3.93×10^4～21.70×10^4 cells/L，巩乃斯河各点位之间差异较大，在河源区，密度为10.45×10^4 cells/L，到中游则迅速升高为148.75×10^4 cells/L，到了河口点位则又降低至31.42×10^4 cells/L；阔克苏河、阿合牙孜河浮游植物密度均较低，恰甫河河口的数量则较大，为209.58×10^4 cells/L。蓝藻门和硅藻门仍占绝对优势，但在干流河段和巩乃斯河中游绿藻门的数量较6月时显著上升。12月特克斯河和干流河段数量仍随水流方向逐渐增多；喀什河12月随水流方向逐渐降低，范围为10.62×10^4～20.64×10^4 cells/L，巩乃斯河（除中游外）以及3条二级河流浮游植物密度均较少，范围为1.59×10^4～4.40×10^4 cells/L，硅藻门的数量占绝对优势，占比超过90%。

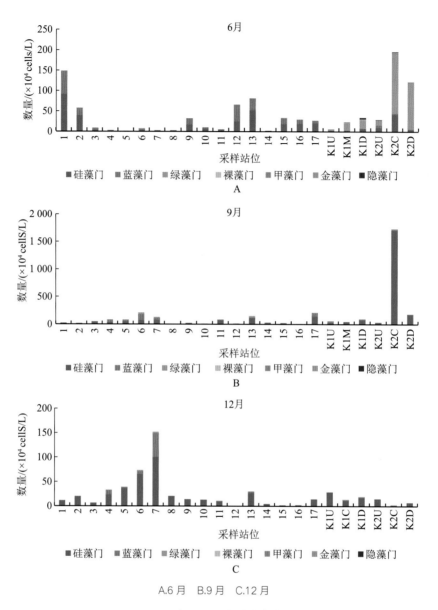

A.6月　B.9月　C.12月

图4　伊犁河浮游植物密度

恰甫其海水库和温泉电站水库浮游植物密度均值分别为 42.99×10^4 cells/L、232.82×10^4 cells/L，均表现为9月 >6月 >12月。恰甫其海水库6月浮游藻类数量上、中、下游差异较大，分别为 6.05×10^4 cells/L、23.44×10^4 cells/L、34.5×10^4 cells/L，且随着水体深度增加数量逐渐减少。物种组成方面，绿藻门和硅藻门比重较大，在75%以上。9月上、中、下游数量差异变小，范围是 $44.6 \times 10^4 \sim 99.25 \times 10^4$ cells/L，除上游外，硅藻门占绝对优势，占比最高达97.25%；12月浮游植物数量较小，硅藻门占绝对优势。温泉电站水库6月上、中、下游差异显著，分别为 29.42×10^4 cells/L、361.25×10^4 cells/L、

196.20×10^4 cells/L，上游＜下游＜中游。物种组成方面，水库上游藻类数量较少，各门分布较均匀，绿藻门、硅藻门、蓝藻门占比分别为 38.81%、31.45% 和 22.38%，在水库中游和下游，绿藻门的数量占比 80% 以上。9月与6月相比，上游和下游差异变小，分别为 31.92×10^4 cells/L 和 179.5×10^4 cells/L，水库中部数量为 1 728.75×10^4 cells/L，显著高于6月，硅藻门占绝对优势，在 97% 以上。12月从上游至下游浮游植物密度逐渐降低，硅藻门的数量占比近 100%。温泉电站水库浮游植物数量和物种组成季节差异显著。

3. 伊犁河浮游植物生物量

伊犁河浮游植物生物量变化如图5所示，变化范围为 0.03～5.13 mg/L，年平均为

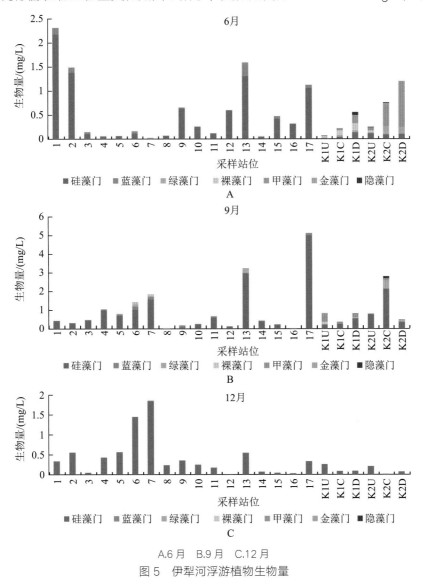

A.6月　B.9月　C.12月

图5　伊犁河浮游植物生物量

0.67 mg/L，变化趋势与数量变化基本一致。6月生物量的范围是 0.03 ~ 2.32 mg/L，干流段生物量整体处于较低水平，范围为 0.03 ~ 0.17 mg/L；特克斯河、喀什河和巩乃斯河总体随水流方向逐渐降低（除巩乃斯河中游外），范围为 0.07 ~ 2.32 mg/L；支流的生物量均高于干流河段。从物种组成上看，硅藻门占绝对优势，均在 80% 以上。9月生物量的范围为 0.03 ~ 5.13 mg/L，干流生物量较高，范围为 0.81 ~ 1.85 mg/L，特克斯河、喀什河和巩乃斯河总体随水流方向逐渐升高（除巩乃斯河中游外），范围为 0.03 ~ 3.24 mg/L，喀什河生物量最低。阔克苏河和阿合牙孜河生物量均较低，分别为 0.30 mg/L 和 0.03 mg/L，在物种组成上，硅藻门仍占绝对优势，基本在 80% 以上。12月生物量的范围为 0.03 ~ 1.86 mg/L，整体处于较低水平。干流生物量较高，范围为 0.44 ~ 1.86 mg/L，特克斯河、喀什河和巩乃斯河喀什河段，生物量较低，范围为 0.03 ~ 0.69 mg/L，3 条二级支流均较低，范围为 0.03 ~ 0.04 mg/L。物种组成上，硅藻门占绝对优势，均在 99% 以上。

恰甫其海水库和温泉电站水库浮游植物生物量均值分别为 0.92 mg/L 和 1.02 mg/L，均表现为 9月 > 6月 > 12月，其变化趋势与数量基本一致。恰甫其海水库6月各门生物量分布较均匀，以硅藻门、裸藻门、甲藻门为主，9月生物量主要由硅藻门和甲藻门种类组成，12月硅藻门生物量占比接近 100%。6月温泉电站水库上游生物量以硅藻门为主，中下游生物量中甲藻门和绿藻门占比较大，合计占比大于 80%，9月和12月硅藻门占绝对优势，占比达 75% ~ 100%。

4. 伊犁河浮游植物多样性指数

伊犁河浮游植物多样性指数如图 6 所示。物种丰富度 (d)、优势度指数 (D)、香农 - 威纳指数 (H') 和均匀度指数 (J) 年均值分别为 2.86、0.85、2.48 和 0.75，6月、9月和12月的上述多样性指数均值分别为 3.22、0.85、2.47、0.76，3.33、0.84、2.49、0.73 和 2.04、0.86、2.48、0.77。物种丰富度指数季节差异较大，12月显著低于 6月和9月，其余多样性指数季节差异不大。空间分布方面，6月时伊犁河干流段的物种丰富度指数显著低于其他河段，伊犁河干流段、巩乃斯河河源以及阿合牙孜河河口处的多样性指数显著较低，9月时特克斯河口点位、喀什河中游点位以及阿合牙孜河河口点位的多样性指数较低，12月时特克斯河河口点位的多样性指数较低。

恰甫其海水库和温泉电站水库浮游植物多样性指数值均值分别为 2.41、0.56、1.55、0.56 和 1.28、0.66、1.82、0.73，除物种丰富度指数 12月最低外，其他多样性指数均表现为 9月 < 12月 < 6月，多样性指数季节差异显著。恰甫其海水库中部和下游多样性指数显著低于上游。温泉电站水库中部多样性指数显著低于上游和下游。

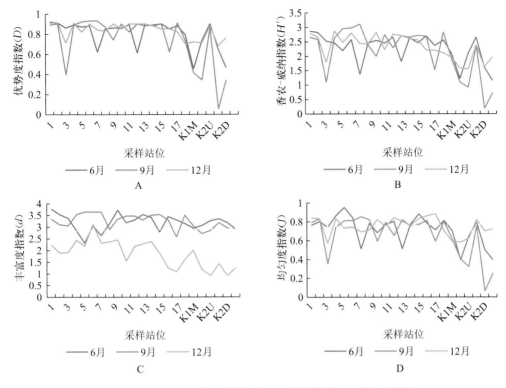

A. 优势度指数　B. 香农 - 威纳指数　C. 丰富度指数　D. 均匀度指数

图 6　伊犁河浮游植物多样性指数

5. 伊犁河浮游植物与环境因子的关系

伊犁河流域主要环境和水质指标如表 1 和图 2 所示，对主要河流和水库的化学指标方差分析结果表明，伊犁河流域的水环境指标存在较显著的时间和空间变化。为了解伊犁河流域浮游植物对环境因子的响应，通过 KMO 检验选择各藻门的数量、浮游植物总数量、总生物量、总物种数、优势种指标与主要水环境指标（海拔、水温、水深、透明度、溶解氧（DO）、pH、TN、NH_4^+-N、NO_3^--N、COD_{Mn}）之间进行 PCA 分析（图 6）。共有 71 个样本数据被用于分析，其中 1 ～ 35 号为 6 月、9 月伊犁河河流样本，36 ～ 71 号为 6 月、9 月水库样本。PCA 分析结果显示，用于分析的 71 个样本数据被分为 2 组，第一组 1 ～ 35 号样本，主要位于第三象限，受海拔、溶氧和总磷的影响较大，第二组 36 ～ 71 号样本，主要位于第一象限，受水深、透明度、温度的影响较大。硅藻门的数量与总数量和生物量相关性显著，且与海拔呈负相关，绿藻门、金藻门和甲藻门的数量相关性显著。绿藻门的小球藻、球囊藻以及硅藻门的脆杆藻与总氮、氨氮、硝酸盐氮相关性显著，与总磷和电导率负相关；硅藻门的舟形藻、桥弯藻、异极藻与海拔相关性显著，小环藻与温度和水深相关性大；蓝藻门的鞘丝藻和颤藻与海拔和溶氧相关性大。

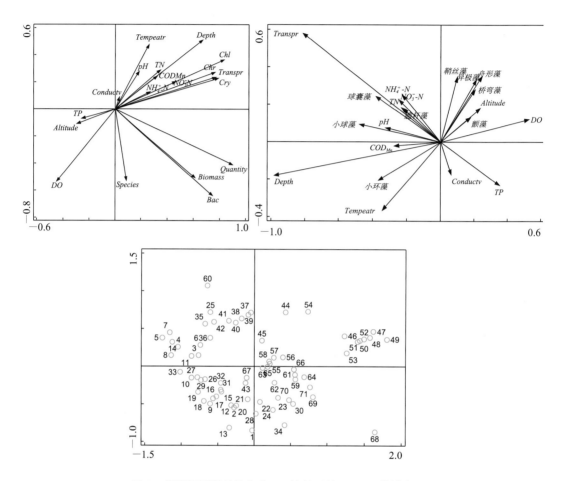

图 7　伊犁河浮游植物物种 - 环境关系的 PCA 二维排序图

四、讨论

1. 环境因子对伊犁河浮游藻类特征的影响

在河流、水库等水体中，浮游植物群落的种类组成和数量结构的动态变化受水温、光照、水动力和营养盐等理化参数的影响（Naselli Flores L，2000；Du H B，2019）。本调查中上述环境因子的影响也再次得到了验证，分析发现影响伊犁河流域藻类特征的环境因子主要有温度、光照、营养盐含量以及水文特征等几个因子。

影响伊犁河流域浮游植物组成的环境因子主要为温度和营养盐含量。多位学者的研究发现，温度是影响浮游植物群落结构季节变化的主要环境因子之一（黄廷林等，2016；赵巧华等，2018）。本研究在新疆伊犁河的 107 个样本中共鉴定出浮游植物 7 门 71 属 141 种，其中硅藻门的种数最多，在历次采样中所占比例为 46.06%～84.38%，优势种中也是硅藻门种类占绝对的优势，最大占比出现在 12 月。这是由伊犁河的气候特点决定的，伊犁河属寒温带半干旱的大陆性气候，夏季短，冬季长；春季升温快但不稳定，调查期间 6—10 月，平均水温为 16.0℃，12 月更是只有 1.3℃。研究发现，20℃左右时水体中以硅藻为主，30℃时以绿藻为主，40℃时以蓝藻为主（王志红等，2005）。因此伊犁河浮游藻类群落是以硅藻为优势的类群，另外，12 月的物种丰富度显著低于 6 月和 9 月，这也充分说明温度对浮游植物种类的影响。水库中绿藻门的种类数明显多于河流，绿藻门的小球藻和并联藻在 6 月和 9 月水库样本中是主要优势种，这与新疆其他部分淡水小型水库类似，均属绿藻 - 硅藻型水库（马得草等，2018；吴惠仙等，2010）。呈现此特征主要与水库的营养盐含量有关，本研究中 9 月恰甫其海水库中游总氮含量为 1.82 mg/L，显著高于其他水域。Blinn 等（Dean W. Blinn，1993）的研究早就表明可通过控制水体中的各类营养物的溶解度、离解度或分解率等理化过程间接影响藻类的生长。王东波等（王东波等，2019）的研究也表明氮、磷是蓝藻、绿藻主要的环境影响因子，这与本研究结果一致。磷是所有藻类生长所必需的营养物质，也是浮游植物生长的首要限制因子之一（叶金梅等，2020）。薛浩等（2020）发现影响甘河下游硅藻群落结构变化的主要水环境因子为电导率和总磷，雷瑾等（2019）研究得出总磷是影响白洋淀超微真核藻空间分布的关键影响因子之一，本研究 PCA 分析中也发现伊犁河河流浮游植物样本与总磷密切相关。

在浮游植物密度和生物量的季节变化和空间分布特征方面，影响因素主要为温度、光照、营养盐以及水体泥沙含量。9 月浮游植物密度和生物量最高，其次是 6 月和 12 月，季节差异显著。这是由于 9 月时新疆日照时间较长（李定枝，1999），同时 9 月的温度升高，温度和光照均有利于藻类的生长繁殖。浮游植物数量的空间分布特征因河段不同而存在显著差异：在干流段，6 月随水流方向逐渐降低，这与 6 月是伊犁河的汛期有关（程其畴，1986），干流段泥沙含量大，透明度低，导致浮游植物不能很好生长，所以 6 月伊犁河段的物种丰富度指数也显著低于其他河段，刘黎等（2019）研究得出透明度是影响三峡水库干流底栖硅藻群落组成的主要环境因子之一，这与本文研究结果一致。本研究中河流和水库浮游植物样本在物种-环境 PCA 分析中得到较好的区分，河流样本受海拔、溶氧和总磷的影响较大，水库样本受水深、透明度以及温度、pH、总氮、硝酸盐氮的影响较大，表明河流和水库的环境特征存在明显的差异，并对浮游植物群落结构造成了显著影响。

2. 伊犁河藻类特征对水质变化的指示作用

大量研究已证明，藻类群落特征，如生物量和种类组成等能对水质变化做出响应，从而可作为评价河流受污染程度和受人类活动干扰程度的重要生物监测指标（Biggs B J F，1989；李君等，2014）。9 月温泉水库的生物量最高 (2.81 mg/L)，远远高于其他干流和支流，说明人类活动（如水库养殖等）干扰程度较大，导致水库水体氮、磷含量高，藻类大量繁殖。调查中也表明温泉电站水库存在网箱养殖的情况，这与浮游植物的特征相吻合。喀什河段整年采样中浮游植物密度均较低，这与喀什河段海拔高、水温低、营养盐含量较低的特征相吻合。13 区（巩乃斯河段）和 24 区（恰甫河河口）9 月生物量显著高于其他河段，与上述河段营养盐含量较高一致。

物种多样性是衡量一定区域内生物资源丰富程度的客观指标，多样性指数可用于评价群落中物种组成的稳定程度、数量分布的均匀程度以及群落的结构特征，也是反映水体营养状况信息的重要参数（吴湘香等，2014；孙军等，2004；孙志强等，2013）。6 月伊犁河段、巩乃斯河源处的多样性指数显著较低与种类少、数量低的结果一致，9 月和 12 月特克斯河源处多样性指数较低与该点位温度较低有关，恰甫其海水库中部和下游多样性指数显著低于上游，温泉电站水库中部多样性指数显著低于上游和下游，与上述点位的水质指标相一致。沈韫芬等（1990）提出的多样性指数和均匀度指数越大、水质越好的理论，藻类多样性指数值越小，说明水质污染程度越严重（王新华等，2004）。

基于黄祥飞等（2000）对群落多样性指数值划分水体污染程度的判定标准，本研究中除伊犁河 7 号站位、阿合牙孜河河口、特克斯河河口等处为季节性中度污染外，伊犁河总体为轻度污染，这与韦丽丽（2015）的研究基本一致（2015）。恰甫其海水库为轻中度污染水体，9 月中下游污染加剧。温泉电站水库上游为轻度或无污染水体，中下游为中度污染水体，9 月中游尤其明显。本研究还发现同一条河流中不同河段的污染状况存在不同，如巩乃斯河中游的浮游植物数量和生物量比河源和河口区都高，一方面说明旅游开发河段水质健康状况呈现出退化趋势，这与于帅等（2017）的研究结果较一致；另一方面说明水体自身的物质转化作用能够满足污染物的去除，对水体起到了修复的作用。

3. 养殖对水体水质及藻类的影响

本调查中，温泉电站水库中游浮游植物数量 9 月时显著高于上游和下游水域，这与温泉水库中游存在网箱养殖鲑鳟鱼类有关。鱼类饲料中只有 25% ～ 35% 被水产动物所吸收（叶元土等，2001），更多未被摄食的饲料流入水体中，加上鱼类排泄物，这些物质中均含有丰富的氮、磷等营养元素，它们促进了水体浮游植物的生长发育（陈燕琴，2015）。林永泰等（1995）在研究中发现网箱区浮游植物数量和生物量均比对照区高，蓝于倩等（2015）在研究网箱养殖对水体浮游生物的影响时发现虽然养殖区和非养殖区生物群落结构基本相同但网箱养殖对浮游生物量有较大的影响。温泉电站水库水体交换量大，所以通过水体自净能力能够消除污染，到水库下游浮游植物数量迅速减少，养殖尚未对水质造成严重污染。今后随着温泉水库网箱养殖的进行，水域生态环境及水生生物的生存环境势必发生变化，因此有必要做好养殖水体环境长期监测，为温泉电站水库网箱养殖的可持续发展提供科学依据。

参考文献

陈燕琴，2015. 龙羊峡水库网箱养殖区浮游植物调查［J］. 青海农林科技，2：24-29.

程其畴，1986. 伊犁地区河流水文特性［J］. 水文，1：51-55.

国家环境保护局，2002. 水和废水监测分析方法 - 第 4 版 .［M］. 北京：中国环境科学出版社：88-284.

胡鸿钧，李尧英，魏印心，等，1979. 中国淡水藻类［M］. 上海：科学技术出版社：29-35.

黄祥飞，2000. 湖泊生态调查观测与分析［M］. 北京：中国标准出版社：52-60.

黄廷林，曾明正，邱晓鹏，等，2016. 温带季节性分层水库浮游植物功能类群的时空演替［J］. 中国环境科学，36（4）：1157-1166.

金相灿，屠清英，1990. 湖泊富营养化调查规范［M］. 北京：中国环境科学出版社，286-302.

蓝于倩，袁一文，彭亮，等，2015.江谷水库鱼类网箱养殖富营养化及浮游植物功能群的指示作用 [J].生态环境学报，24（6）：1028-1036.

雷瑾，史小丽，张民，等，2019.白洋淀超微真核藻的空间分布特征及关键影响因子 [J].湖泊科学，31（6）：1559-1569.

李定枝，1999.额尔齐斯河流域水文特性 [J].水文，3（4）：54-56.

李君，周琼，谢从新，等，2014.新疆额尔齐斯河周丛藻类群落结构特征研究 [J].水生生物学报，38（6）：1033-1039.

林永泰，张庆，杨汉运，等，1995.黑龙潭水库网箱养鱼对水环境的影响 [J].水利渔业，6（3）：6-10.

刘黎，贺新宇，付君珂，等，2019.三峡水库干流底栖硅藻群落组成及其与环境因子的关系（三峡水库蓄水期）[J].环境科学，40（8）：3577-3587.

马得草，胡文革，张映东，等，2018.大泉沟水库浮游植物群落特征及其与环境因子的关系 [J].水生态学杂志，39（5）：47-54.

任慕莲，郭焱，张清礼，等，1998.伊犁河鱼类资源及渔业 [M].哈尔滨：黑龙江科学技术出版社：20.

沈韫芬，顾曼如，龚循矩，等，1990.微型动物监测新技术 [M].北京：中国建筑工业出版社：28-30.

孙军，刘东，2004.多样性指数在海洋浮游植物研究中的应用 [J].海洋学报（中文版），28（1）：62-75.

孙志强，施心路，徐琳琳，等，2013.景观湿地夏季原生动物群落结构与水质关系 [J].水生生物学报，37（2）：290-299.

王东波，君珊，陈丽，等，2019.冰封期呼伦湖浮游藻类群落结构及其与水环境因子的关系 [J].中国环境监测，35（4）：59-66.

王新华，纪炳纯，李明德，等，2004.引滦工程上游浮游植物及其水质评价 [J].环境科学研究，17（4）：18-24.

王珍，2007.伊犁河流域水资源开发利用问题研究 [J].伊犁师范学院学报（社会科学版），3：48-51.

王志红，崔福义，安全.水温与营养值对水库藻华态势的影响 [J].生态环境，14（1）：10-15.

韦丽丽，周琼，谢从新，等，2015.新疆伊犁河周丛藻类群落结构及其水质生物学评价 [J].水生态学杂志，36（6）：29-38.

吴惠仙，王琼，蔡桢，等，2010.新疆吉木乃红山水库浮游植物研究 [J].水生态学杂志，3（4）：50-54.

吴湘香，李云峰，沈子伟，等，2014.赤水河浮游植物群落结构特征及其与水环境因子的关系［J］.中国水产科学，21（2）：312-320.

薛浩，郑丙辉，孟凡生，等，2020.甘河着生藻类群落结构及其与环境因子的关系［J］.生态环境学报，29（2）：328-336.

叶金梅，赵莉，罗旭，等，2020.拟柱孢藻生长及碱性磷酸酶活性对不同磷浓度和磷形态响应的株系间差异［J］.环境科学，14（9）：4088-4094.

叶元土，林仕梅，罗莉，等，2001.水产养殖的饲料损失量及原因分析［J］.内陆水产，3（8）：17-18.

于帅，贾娜尔·阿汗，张振兴，等，2017.新疆伊犁河大型底栖动物群落及水质生物评价［J］.应用与环境生物学报，23（4）：0728-0733.

赵巧华，孙国栋，王健健，等，2018.水温、光能对春季太湖藻类生长的耦合影响［J］.湖泊科学，30（2）：385-393.

章宗涉，黄祥飞，1991.淡水浮游生物研究方法［M］.北京：科学出版社：44.

Biggs B J F，1989. Biomonitoring of organic Pollution using Periphyton，South Branch，Canterbury；New Zealand［J］. Journal of Marine and Freshwater Research，23：263-274.

Dean W B，1993. Diatom Community Structure Along Physicochemical Gradients in Saline Lakes［J］. Ecology，74（4）：1246-1263.

Du H B，Chen Z N，Mao G Z，et al.，2019. Evaluation of eutrophication in freshwater lakes：A new non-equilibrium statistical approach［J］. Ecological Indicators，102：686-692.

Margal E F R，1958. Information theory in ecology［J］. International Journal of General Systems，3：36-71.

Naselli F L，2000. Phytoplankton assemblages in twenty-one Sicilian reservoirs：relationship between species composition and environmental factors［J］. Hydrobiologia，424：1-11.

Pielou E C，1975. Ecological Diversity［M］. New York：Wiley：1-165.

Shannon C E，Weaver W，1949.The Mathematical Theory of Communication［M］. Berkeley：University of California Press：1-144.

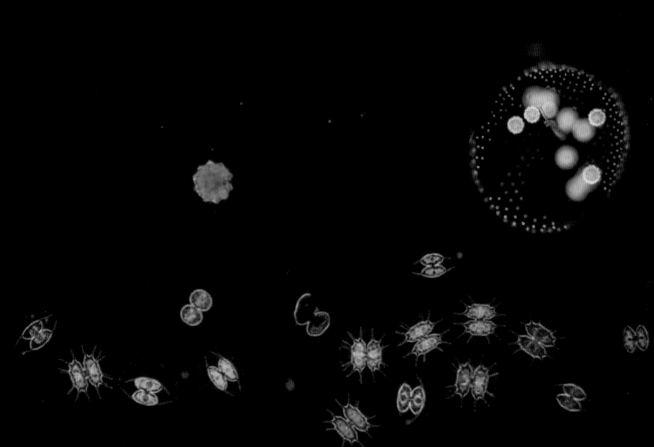

第二篇 伊犁河浮游植物

一、硅藻门

硅藻门（Bacillariophyta）藻类，也称为硅藻（Diatom），多数为单细胞，细胞壁由硅质壳组成。色素体主要有叶绿素（a、c_1、c_2）及 β - 胡萝卜素、岩藻黄素、硅藻黄素等。金褐色的岩藻黄素是主要的类胡萝卜素，决定了硅藻细胞的特征颜色，其同化产物为金藻昆布糖。细胞壁含有大量复杂的硅质结构，形成坚硬的壳体。壳体通常由上下两个半片套合而成，套在外面较大的半片称为上壳，套在里面较小的半片称为下壳。上下壳都由各自的盖板和缘板两部分组成。上下壳环带相互套合的部分称为"间生带"。硅藻壳面常呈圆形、椭圆形、三角形、多角形、线形、披针形、舟形、S 形、提琴形等。壳面常有线纹或肋纹等纹饰。壳面中部的无纹平滑区，称为"中轴区"。沿中轴区中部有 1 条纵向的裂缝，称为壳缝。依据传统分类，按壳面花纹中心对称或辐射对称方式，将硅藻分为中心硅藻（Centric Diatom）和羽纹硅藻（Pennate Diatom）两大类。依据壳缝的形态，又可将羽纹硅藻划分为无壳缝目、假壳缝目、单壳缝目、双壳缝目及管壳缝目。硅藻以细胞分裂的营养繁殖方式生殖，无性繁殖主要以复大孢子方式进行，也可以有性生殖方式生殖。

硅藻多为单细胞，可以群体形式栖息于不同生境，也可以营浮游生活，亦可附着于岩石或水生植物等基质上。硅藻是淡水和海水浮游生物的主要构成者之一，是鱼类、虾类、贝类（特别是其幼体）的主要饵料，也是海洋中主要的初级生产力。硅藻还是海洋赤潮的主要形成类群之一，有时可以在湖泊、河流中大量繁殖形成水华。

1. 波缘藻属 *Cymatopleura* Smaith

分类地位：硅藻门、羽纹纲、管壳缝目、双菱藻科

形态特征：单细胞，浮游。壳面椭圆形、纺锤形、披针形或线形，呈横向上下波状起伏。壳面两侧边缘具龙骨，上有管壳缝；壳面两侧具粗的横肋纹，有时肋纹较短，使壳缘呈串珠状，肋纹间具横贯壳面的细线纹，许多种类线纹不明显。

生境：主要生长在淡水、半咸水水体。伊犁河偶见藻类。

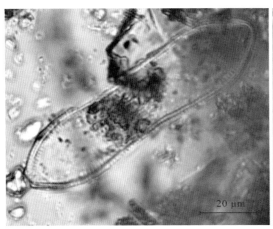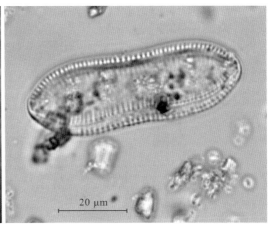

草鞋形波缘藻 *C. solea*

2. 布纹藻属 *Gyrosigma* Hassall

分类地位：硅藻门、羽纹纲、双壳缝目、舟形藻科

形态特征：单细胞，浮游。壳面呈 S 形，从中部向两端逐渐尖细，末端渐尖或钝圆，中轴区狭窄，具中央节和极节，中央节处略膨大。壳缝 S 形弯曲，壳缝两侧具纵线纹和横线纹交叉形成的布纹；带面呈披针形，无间生带。色素体片状，2 个，常具多个蛋白核。

生境：淡水中常见浮游类群。伊犁河偶见藻类 。

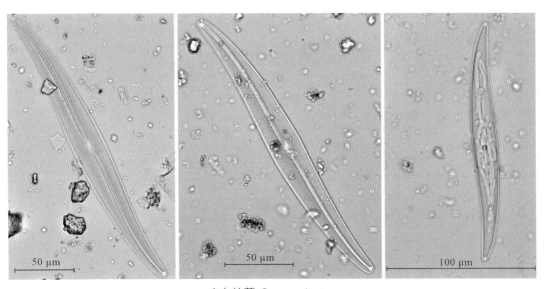

尖布纹藻 *G. acuminatum*

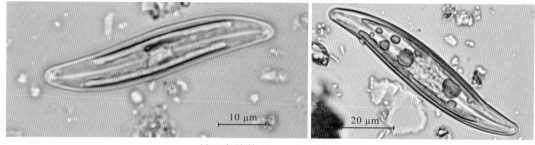

锉刀布纹藻 *G. scalproides*

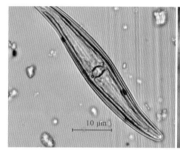

其他布纹藻

3. 脆杆藻属 *Fragilaria* Lyngbye

分类地位：硅藻门、羽纹纲、无壳缝目、脆杆藻科

形态特征：细胞常相互连成带状群体，壳面呈线形或披针形。两侧对称，中部边缘略膨大或收缢，两侧逐渐狭窄，末端钝圆。上下壳的假壳缝呈狭线形或宽披针形，其两侧具横点状线纹；带面长方形，无间生带和隔膜。色素体小盘状或片状，1～4个。

生境：伊犁河常见浮游藻类。

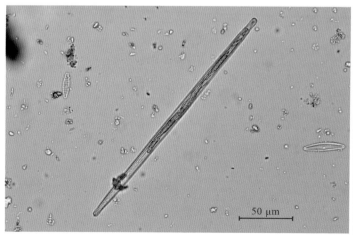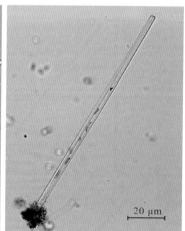

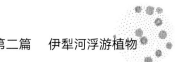

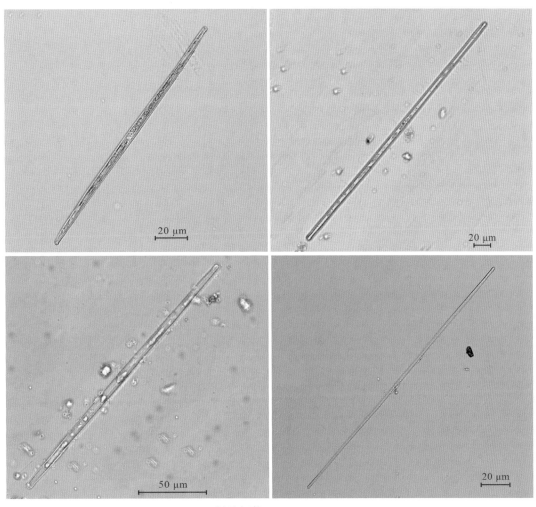

钝脆杆藻 *F. capucina*

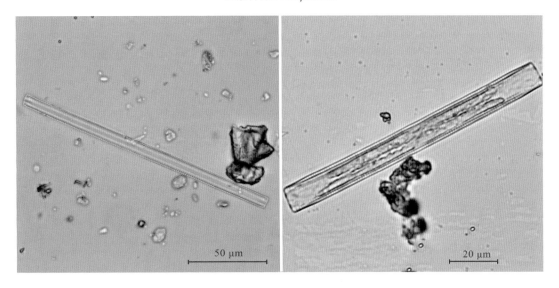

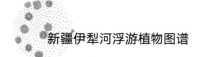

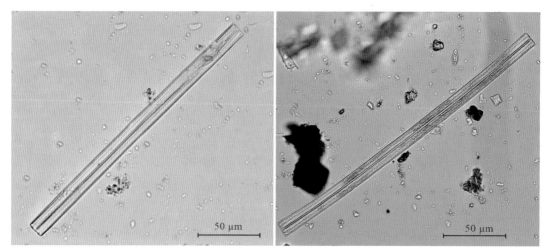

中型脆杆藻 *F. intermedia*

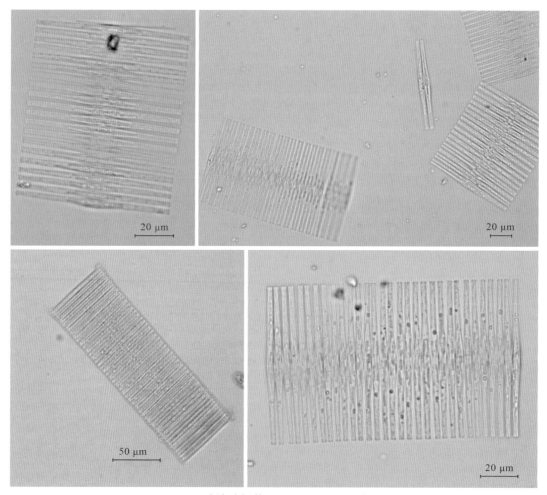

克洛脆杆藻 *F. crotonensis*

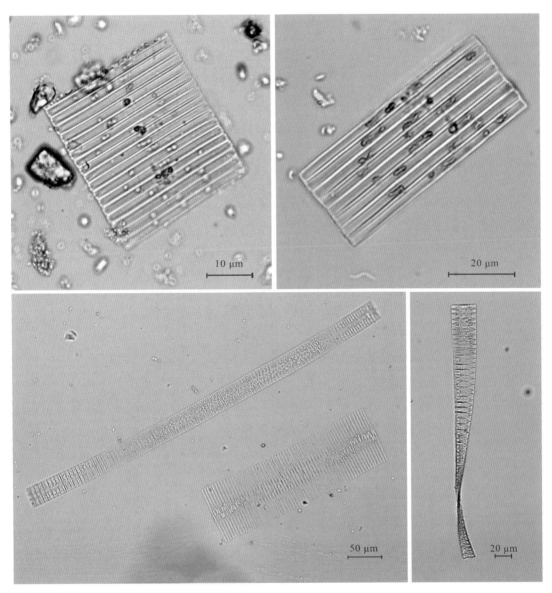

其他脆杆藻

4. 等片藻属 *Diatoma* Bory

　　分类地位：硅藻门、羽纹纲、无壳缝目、脆杆藻科

　　形态特征：植物体由细胞连成带状、"Z"字形或星形的群体；壳面呈线形、椭圆形、椭圆披针形或披针形，有的种类两端略膨大；假壳缝狭窄，两侧具细横线纹和肋纹，带面长方形，具1至多个间生带。色素体椭圆形，多数。

生境：主要为淡水种类，也存在于微咸水或半咸水中。生长在湖泊、池塘、河流中，多为沿岸带着生种类。伊犁河常见藻类。

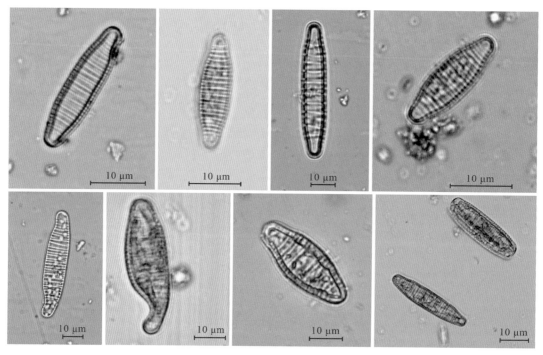

普通等片藻 *D. vulgare*

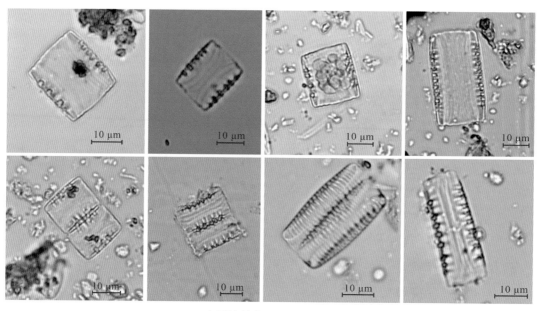

中型等片藻 *D. mesodon*

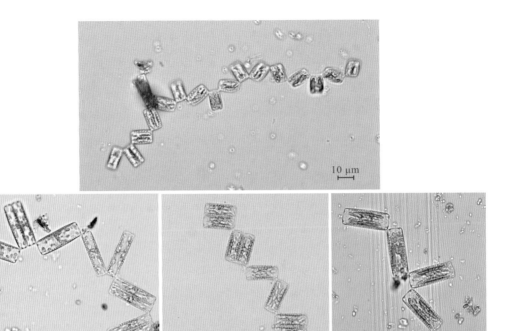

普通等片藻群体 *D. vulgare*

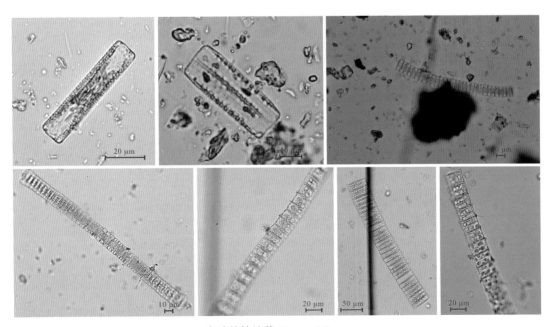

念珠状等片藻 *D. moniliforme*

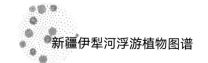

5. 短缝藻属 *Eunotia* Ehrenberg

分类地位：硅藻门、羽纹纲、拟壳缝目、短缝藻科

形态特征：单细胞，或由壳面互相连接成带状群体；壳面弓形，背缘凸出，腹缘平直或凹入；两端大小相同，各有1个明显的极节；带面长方形，常具有间生带。

生境：多生长于池塘、水沟或湖泊中，常附着在其他物体上生长。伊犁河偶见浮游藻类。

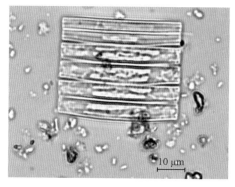

弧形短缝藻 *E.arcus*

6. 蛾眉藻属 *Ceratoneis* Ehrenberg

分类地位：硅藻门、羽纹纲、无壳缝目、脆杆藻科

形态特征：植物体为单细胞或由细胞互相连接成短带状群体；壳面弓形或线形，两端头状，腹侧中部具有突出的假节；带面平行线形。

生境：分布于高山溪流中，附着生活。伊犁河常见藻类。

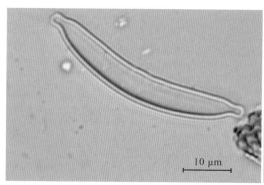

弧形蛾眉藻 *C. arcus*

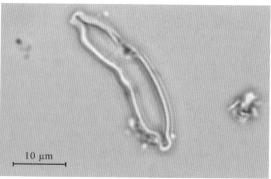

弧形蛾眉藻双头变种 *C. arcus* var. *amphioxys*

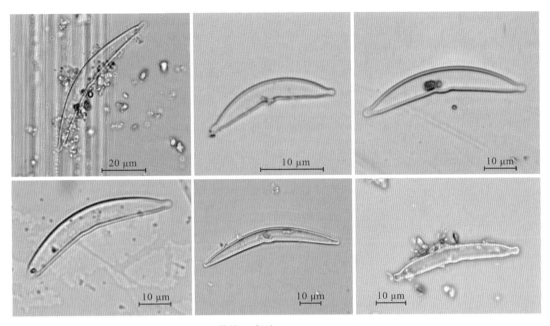

弧形蛾眉藻线形变种 *C. arcus* var. *linearis*

7. 辐节藻属 *Stauroneis* Ehrenberg

分类地位： 硅藻门、羽纹纲、双壳缝目、舟形藻科

形态特征： 单细胞，或带状群体；壳面长椭圆形或狭披针形，末端头状、钝圆形或喙状；中心区增厚并扩展到壳面两侧，增厚的中心区没有花纹，称辐节；辐节和中轴区将壳面花纹分成 4 个部分。

生境： 分布广泛，各种水体均有发现。伊犁河常见浮游藻类。

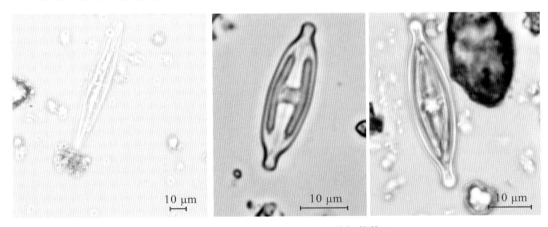

尖辐节藻 *S. acuta*　　　　　双头辐节藻 *S. anceps*

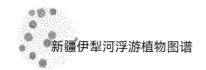

8. 棍形藻属（杆状藻属） *Bacillaria* Gmelin

分类地位： 硅藻门、羽纹纲、管壳缝目、菱形藻科

形态特征： 细胞常互相连接成片状群体，个体能在其中进行相对滑动；单个细胞杆状或棒状；壳面左右对称具明显的龙骨，龙骨居中，龙骨点明显，具细而平直的横线纹，两端渐狭呈头状。

生境： 生长于长江、嘉陵江等淡水江河，伊犁河偶见浮游藻类。

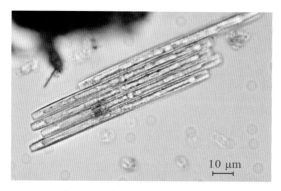

奇异棍形藻 *Bacillaria paradoxa*

9. 茧形藻属 *Amphiprora* (Ehrenberg) cleve

分类地位： 硅藻门、羽纹纲、双壳缝目、舟形藻科

形态特征： 细胞外观很像数字"8"，壳面为笔直的针叶形，两端钝圆，中央区突起形成"S"字形龙骨包围纵沟。壳环面有数条窄带并交错有细条纹。切顶线纹明显可见，龙骨上有点纹。

生境： 伊犁河恰甫其海水库偶见浮游藻类。

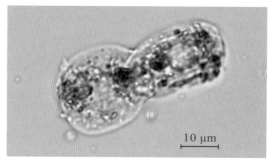

翼茧形藻 *Amphiprora alat*

10. 肋缝藻属 *Frustulia* Rabenhorst

分类地位：硅藻门、羽纹纲、双壳缝目、舟形藻科

形态特征：植物体为单细胞，浮游，着生。有时胶质形成管状，管内每个细胞互相平行排列。壳面菱形披针形，两端明显的狭窄，末端圆，中轴区狭窄明显；横线纹与壳面中央的壳缝垂直，有时略斜向两端，两端略呈放射状，在 10 μm 内有 23 ～ 30 条。细胞长 45 ～ 160 μm，宽 11.5 ～ 30 μm。

生境：生长在略偏酸性的池塘、湖泊、沼泽中。在国内外普遍分布。伊犁河常见浮游藻类。

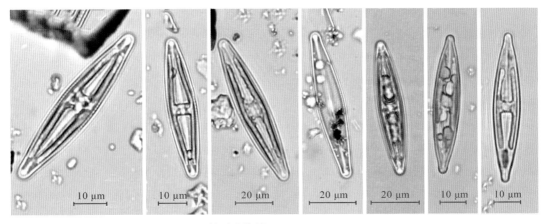

菱形肋缝藻 *F. rhomboides*

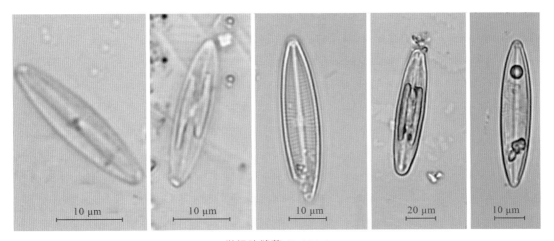

微绿肋缝藻 *F.viridula*

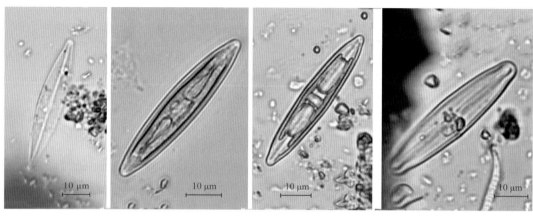

普通肋缝藻 *F.vulgaris*　　　　　　其他肋缝藻

11. 菱板藻属 *Hantzschia* Grunow

分类地位：硅藻门、羽纹纲、管壳缝目、菱形藻科

形态特征：单细胞，细胞纵长，腹面缢缩，背面弧形突起或平直，两端尖形，近喙状或渐尖；壳面一侧的边缘具龙骨突起，龙骨突起上具管壳缝，内壁龙骨点明显，具有横线纹或一列点纹。

生境：底栖或附着生活。伊犁河偶见浮游藻类。

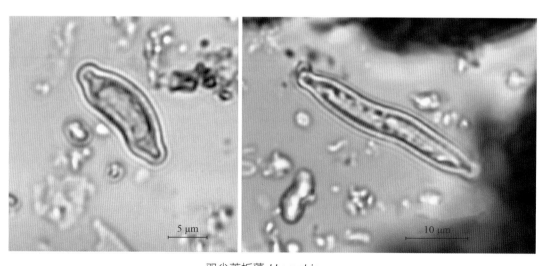

双尖菱板藻 *H.amphioxys*

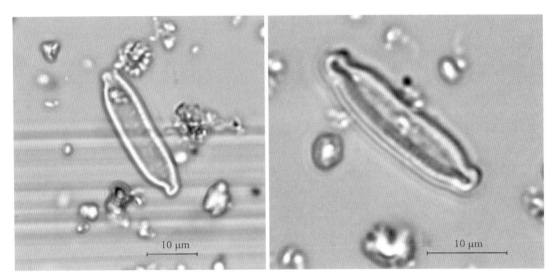

双尖菱板藻头端变型 *H. amphioxys* var. *capitellata*

12. 菱形藻属 *Nitzschia* Hassall

　　分类地位：硅藻门、羽纹纲、管壳缝目、菱形藻科

　　形态特征：单细胞，或形成带状、星状群体，或生活在胶质管中；浮游或附着。细胞纵长，直或呈"S"字形，壳面线形、披针形，罕见为椭圆形，两侧边缘缢缩或不缢缩，两端渐尖或钝，末端楔形或喙状或头状或尖圆形；壳面一侧具龙骨突起，具管壳缝。具小的中央节和极节。壳面具横线纹，横断面呈菱形。色素体侧生、带状，多数具2个。

　　生境：常见浮游种类，生长在淡水或咸水中，江河、湖泊、池塘、沼泽均有分布。伊犁河常见浮游种类。

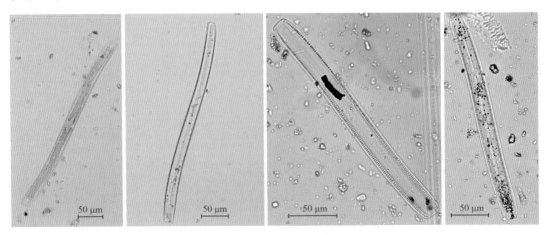

菱形藻 *N.wullerstorffii*

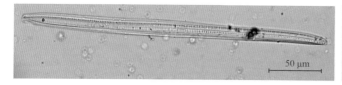

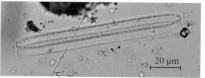

钝端菱形藻 *N.obtusa*　　　　　细齿菱形藻 *N. denticula* 空壳

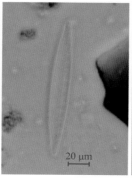

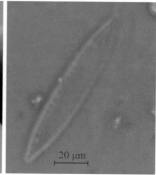

谷皮菱形藻 *N. palea*　　　　　小头菱形藻
N. microcephala

13. 卵形藻属 *Cocconeis* Ehrenberg

分类地位：硅藻门、羽纹纲、单壳缝目、曲壳藻科

形态特征：单细胞；壳面呈椭圆形，上下壳外形相同，一壳具假壳缝，另一壳具直或呈"S"字形的壳缝，具中央节和极节。假壳缝或壳缝两侧具横线纹或点纹；带面横向弯曲。常具 1 个片状色素体，具蛋白核。

生境：多数附着生长于水生植物或其他物体上，少数浮游。伊犁河常见浮游种类。

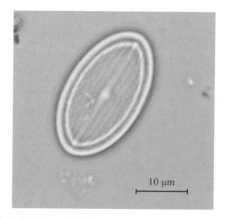

扁圆卵形藻线形变种 *C. placentula* var. *lineate*

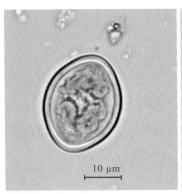
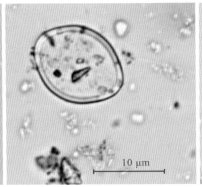
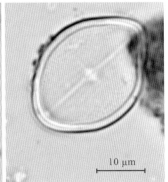

虱形卵形藻 *C. pediculus*

14. 平板藻属 *Tabellaria* Ehrenberg

　　分类地位：硅藻门、羽纹纲、无壳缝目、脆杆藻科

　　形态特征：细胞形成带状或"Z"字形的群体；壳面线形，中部常明显膨大，两端略膨大；带面长方形，通常具有许多间生带。点条纹横列，无肋纹。左右对称，但无壳缝。细胞内有与壳面平行的纵隔片，但没有贯穿到整个细胞，所以称为假隔片。细胞内有与壳面平行的纵隔片。色素体小盘状，多数。

　　生境：主要生长在池塘、湖泊及缓流小河道等水体中。伊犁河常见浮游藻类。

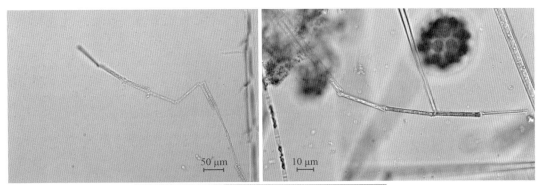

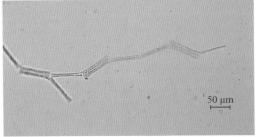

平板藻 *Tabellaria* sp.

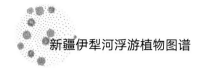

15.桥弯藻属 *Cymbella* Agardh

分类地位：硅藻门、羽纹纲、双壳缝目、桥弯藻科

形态特征：单细胞，浮游或着生，新月形、线形、半椭圆形或舟形；壳面具明显的背腹两侧，背侧凸出，腹侧平直或中部略凸出。末端钝圆或渐尖，中轴区两侧略不对称；壳缝略弯曲，具清晰的中央节和极节。具线纹或点纹，常呈放射状排列。带面长方形，两侧平行。具一个侧生片状色素体。

生境：多数生长在淡水中，少数生长在半咸水中。伊犁河常见浮游种类。

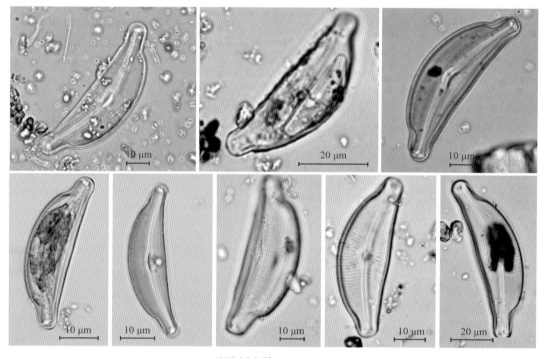

膨胀桥弯藻 *C. tumida*

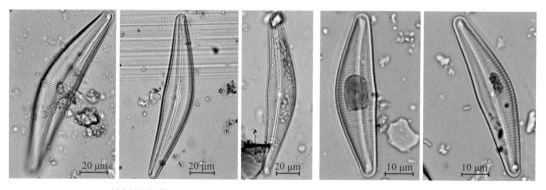

披针桥弯藻 *C. lanceolata*　　　　　细微桥弯藻 *C. parva*

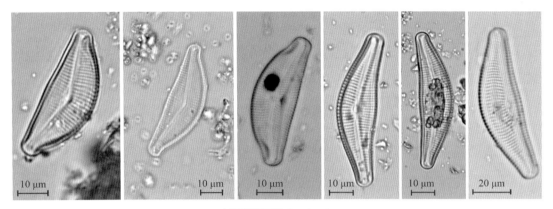

箱形桥弯藻 *C. cistula*

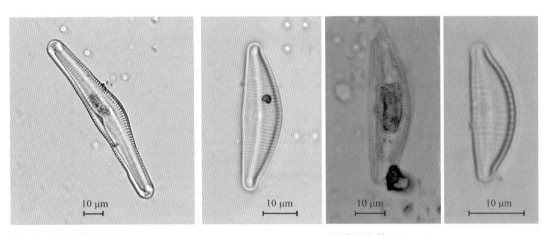

箱形桥弯藻驼背变种 *C. cymbella*　　　　　平滑桥弯藻 *C. laevis*

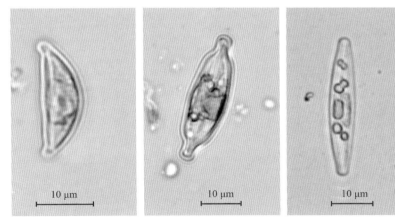
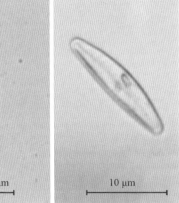

平卧桥弯藻 *C. prostrate*　　　桥弯藻 *C. lata*　　　优美桥弯藻 *C. delicatula*

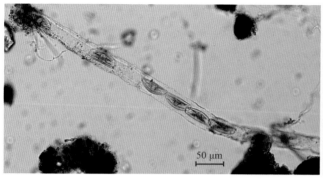
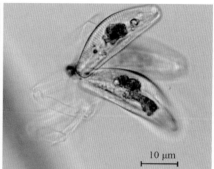

桥弯藻群体 *Cymbella Agardh*

16. 曲壳藻属 *Achnanthes* Bory

分类地位：硅藻门、羽纹纲、单壳缝目、曲壳藻科

形态特征：单细胞，或以壳面互相连接形成带状或树状群体；壳面线形披针形、线形椭圆形、椭圆形、菱形披针形；带面横向弯曲、纵长膝曲状弯曲或弧形，具纵隔膜或不弯曲的横隔膜；色素体片状，1～2个，或小盘状，多数。

生境：本属的淡水种类多着生于丝状藻类或沉水的高等植物上。伊犁河常见藻类。

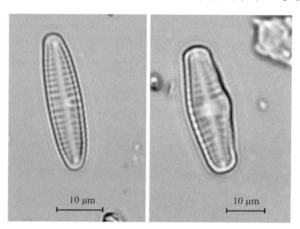

披针形曲壳藻 *A. lanceolata*

17. 扇形藻属 *Meridion* Agardh

分类地位：硅藻门、羽纹纲、无壳缝目、脆杆藻科

形态特征：细胞互相连成扇形或螺旋形群体；壳面棒形或倒卵形；纵轴对称，横轴

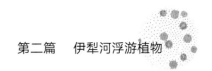

不对称；带面楔形，具有 1～2 条间生带；色素体小盘状，多数。

生境： 在小水沟或半永久性的池塘、湖泊中种类最为丰富。在伊犁河中出现在 12 号点位（巩乃斯河巩乃斯沟乡）。

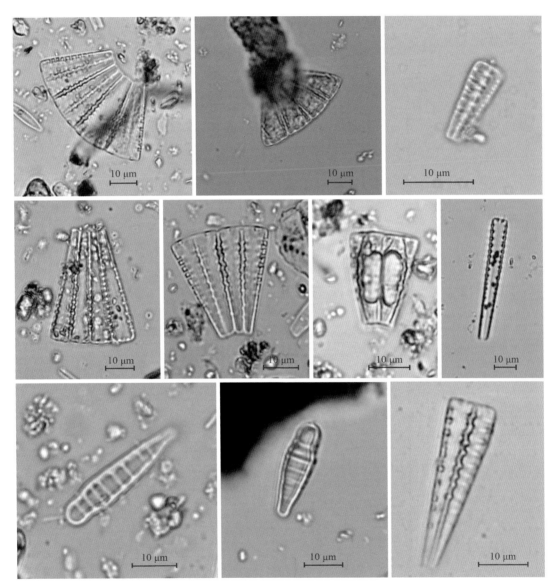

环状扇形藻 *M. circucle*

18. 双菱藻属 *Surirella* Turpin

分类地位： 硅藻门、羽纹纲、管壳缝目、双菱藻科形态特征：细胞单生，真性浮游类型。壳体等极或异极，偶尔纵轴扭曲。具叶绿体 1 个，由两个大而紧贴壳面的盘状组成。壳面常强烈硅质化，线形至椭圆形或倒卵形。具一个环绕壳面的壳缝系统。壳面平坦，有时呈凹面，有时波曲，方向与纵轴平行，有时饰以硅质的瘤或脊，偶尔在壳面中线附近具刺，壳面结构中的肋纹不明显。线纹常多列，由具封闭的小圆孔组成，靠近或沿着壳缝中线的区域常断开。壳缝系统生长在浅或深的龙骨上，管壁常一同呈波形，有时融合在一起。

生境：生长在淡水、半咸水中，海水中种类少。伊犁河常见浮游种类。

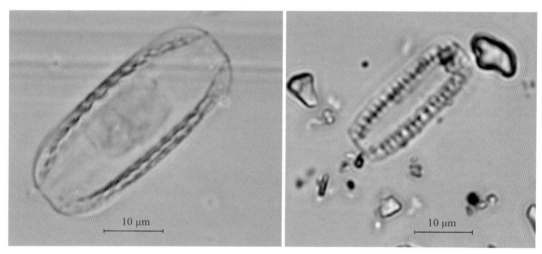

二列双菱藻 *S.biseriata*

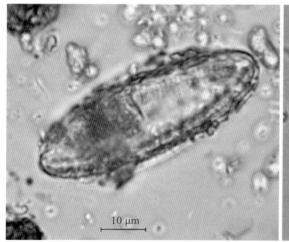

椭圆双菱藻 *S.elliptica*

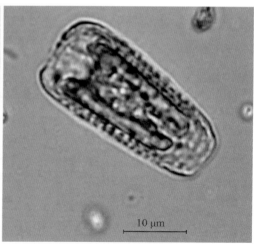

粗壮双菱藻 *S. robusta*

19. 双眉藻属 *Amphora* Ehrenberg Kützing

分类地位：硅藻门、羽纹纲、双壳缝目、桥弯藻科

形态特征：植物体多为单细胞；壳面两侧不对称，明显有背腹之分，呈新月形、镰刀形，末端钝圆或两端延长呈头状；中轴区明显偏于腹侧一侧，具中央节和极节；壳面略弯曲，其两侧具横线纹。带面椭圆形，间生带由点连成长线状，无隔膜。

生境：生长在水坑、池塘、湖泊、水库、溪流、沼泽中，国内外广泛分布，伊犁河常见浮游藻类。

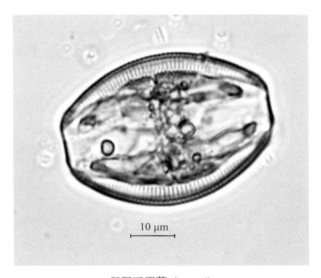

10 μm

卵圆双眉藻 *A. ovalis*

20. 双楔藻属 *Didymosphenia* M Schmidt

分类地位：硅藻门、羽纹纲、双壳缝目、异极藻科

形态特征：单细胞，为分枝或不分枝的树状群体，细胞位于分枝胶质柄的顶端，以胶质柄着生于基质上；壳面上下两端及左右两侧均不对称，前端宽于末端，壳面披针形或棒状、楔形，中部膨大，末端钝圆或渐尖，带面楔形，色素体侧生、片状，1个。

生境：营固着生活，有时从胶质柄上脱落，成为偶然性的浮游种类；是较常见淡水着生藻类，伊犁河常见藻类。

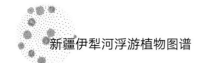
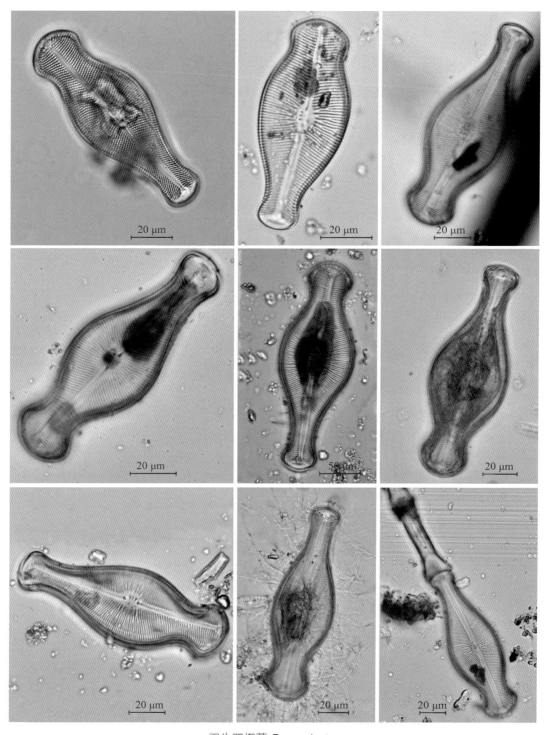

双生双楔藻 *D. geminata*

21. 弯楔藻属 *Rhoicosphenia* Grunow

分类地位：硅藻门、羽纹纲、单壳缝目、曲壳藻科

形态特征：植物体以细胞狭的一端连接在分枝的胶质柄的顶端，附着在丝状藻类和高等水生植物上；壳面棒形、长卵形，壳面上下两端不对称，上壳面仅具上下两端发育不全的短壳缝，无中央节和极节，其两侧的横线纹较细，下壳面具壳缝，具中央节和极节，两侧的横线纹略呈放射状；带面楔形，呈纵长弧形弯曲，具 2 个与壳面平行而等宽的、但比壳面略短的纵隔膜；色素体片状，1 个。

生境：生长在淡水和半咸水中，伊犁河偶见浮游藻类。

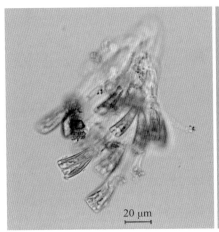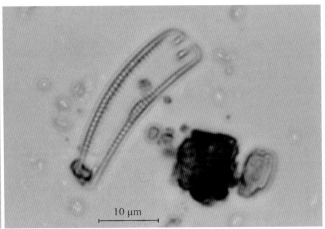

20 μm

10 μm

弯形弯楔藻 *R. curvata*

22. 小环藻属 *Cyclotella* Kützing ex Brébisson

分类地位：硅藻门、中心纲、圆筛藻目、圆筛藻科

形态特征：单细胞或由胶质或小棘连接成疏松的链状群体，多为浮游；细胞鼓形，壳面圆形，很少呈椭圆形，呈同心圆褶皱的同心波曲，或与切线平行褶皱的切向波曲，极少平直；纹饰具边缘区和中央区之分，边缘区具辐射状线纹或肋纹，中央区平滑或具点纹、斑纹，部分种类壳缘具小棘；少数种类带面具间生带；色素体小盘状，多数。

生境：常见浮游种类，分布广泛，常生长于池塘、湖泊、流速缓慢的河流等。伊犁河的常见藻类。

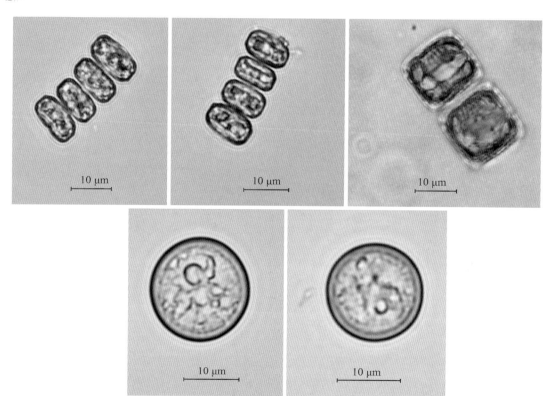

小环藻属 *Cyclotella* sp.

23. 楔形藻属 *Licmophora* sp.

分类地位：硅藻门、羽纹纲、无壳缝目、脆杆藻科

形态特征：植物细胞为群体或单体，细胞楔形，似倒等腰三角形，有柄或无柄，壳面楔形或棍形，前端圆钝，基部逐渐变窄；具隔片；具不清晰的点条纹；色素体黄色，颗粒状。群体像扇子，借胶质营附着生活。

生境：属底栖硅藻类，广泛分布于我国沿海，主要营附着生活。伊犁河常见藻类。

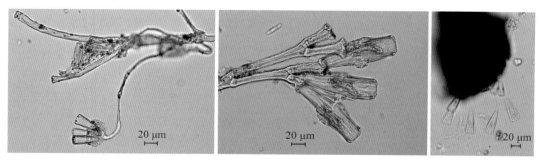

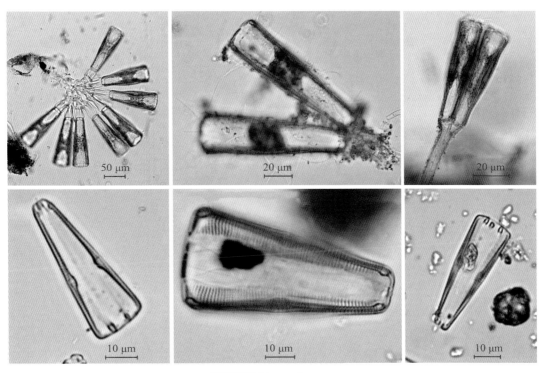

楔形藻属 *Licmophora* sp.

24. 星杆藻属 *Asterionella* Hassall

分类地位：硅藻门、羽纹纲、无壳缝目、脆杆藻科

形态特征：细胞以一端连成星状、螺旋状等群体；细胞呈棒状，两端异形，通常一端扩大。甲壳缝不明显。

生境：分布广泛，海水、淡水均有分布，伊犁河温泉电站水库偶见藻类。

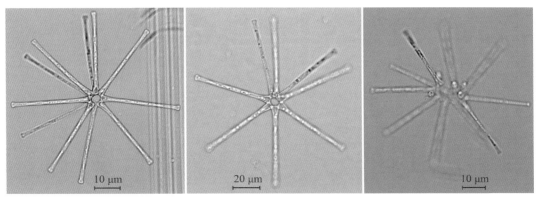

美丽星杆藻 *A. formosa*

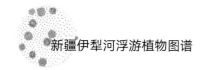

25. 异极藻属 *Gomphonema* Ehrenberg

分类地位： 硅藻门、羽纹纲、双壳缝目、异极藻科

形态特征： 单细胞，为不分枝或分枝的树状群体，细胞位于胶质柄的顶端，以胶质柄着生于基质上，有时从胶质柄上脱落，成为偶然的单细胞浮游种类。壳面上下两端不对称，上端宽于下端，两侧对称，呈棒状、披针形、楔形；中轴区狭直，中央区略扩大，有些种类在中央区一侧具1个或多个单独点纹，具中央节和极节；壳缝两侧具点纹组成的横线纹；带面多楔形，末端截形，无间生带。色素体侧生、片状，1个。

生境： 多数为胶质柄着生于基质上，偶然脱落为单细胞浮游种类。伊犁河常见浮游种类。

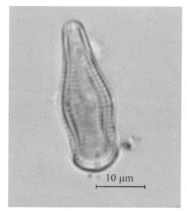
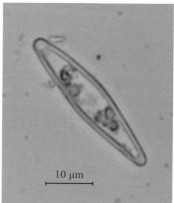

缢缩异极藻 *G. constrictum*   纤细异极藻 *G. gracile*

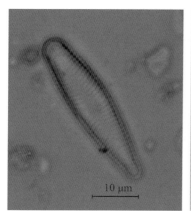
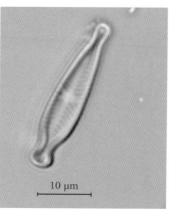
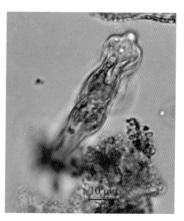

缠结异极藻 *G. intricatum*   赫迪异极藻 *G. hedinii*   尖异极藻花冠变种
　　　　　　　　　　　　　　　　　　　　　　　　　　　　　　G. acuminatum var. *coronatum*

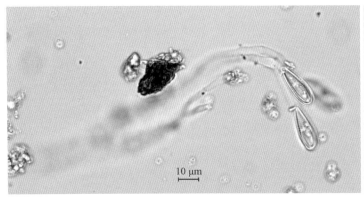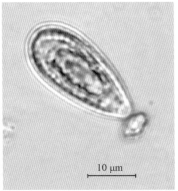

小型异极藻椭圆变种 *G. parvulum* var. *subellipitucum*

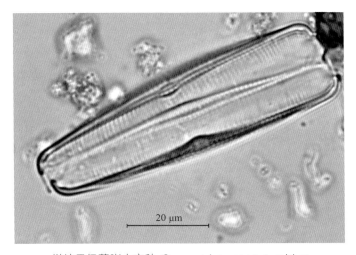

缢缩异极藻膨大变种 *G. constrictum* var. *turgidum*

26. 羽纹藻属 *Pinnularia* Ehrenberg

　　分类地位：硅藻门、羽纹纲、双壳缝目、舟形藻科

　　形态特征：壳面长椭圆形至舟形，两侧平行，但也有中部膨大，或呈对称的波浪状。两端圆，壳缝在中线上，直或扭曲，到末端呈分叉状。壳面花纹由肋纹组成。肋的中部内侧有一椭圆形小孔，与细胞内部相通。肋纹在中部平行或呈射出状，在壳端为汇聚状。有中节或端节。羽纹藻属与舟形藻属相近，除细胞体型外，主要区别在于羽纹藻花纹由肋条组成，而舟形藻为点纹。

　　生境：细胞常单独自由生活，生长于淡水或半咸水或海水中。伊犁河常见浮游藻类。

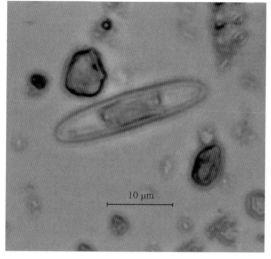

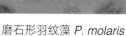

磨石形羽纹藻 *P. molaris*

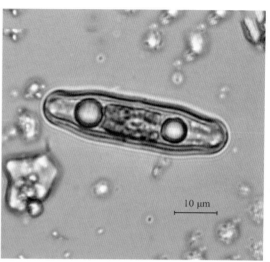

中突羽纹藻 *P. mesolepta*

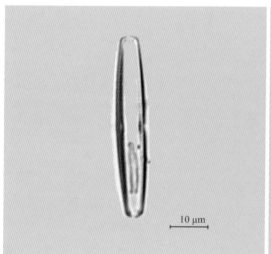

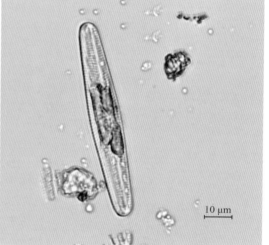

羽纹藻属 *Pinnularia* sp.

27. 长篦藻属 *Neidium* Pfitzer

分类地位：硅藻门、羽纹纲、双壳缝目、舟形藻科

形态特征：植物体为单细胞，壳面线形、狭披针形，两端逐渐狭窄，末端钝圆，近头状或近喙状，壳缝直，近中央区的一端呈相反方向弯曲，在近极节的一端常分叉；中轴区狭线形；中央区小，圆形、椭圆形或斜方形，壳面有点纹连成的横线纹。

生境：主要生长在淡水中，极少数生长在半咸水中。伊犁河常见浮游藻类。

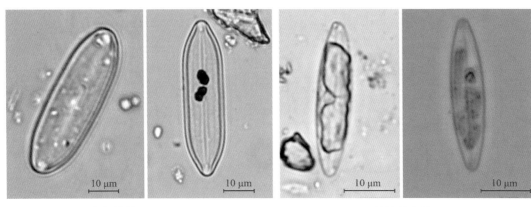

不定长篦藻 *N. dubium*　　　　　　　　　其他长蓖藻

28. 针杆藻属 *Synedra* Ehrenberg

分类地位：硅藻门、羽纹纲、无壳缝目、脆杆藻科

形态特征：单细胞或为放射状群体；细胞长线形；壳面线形或披针形，中部至两端略渐尖或等宽，末端呈头状；具假壳缝；带面长方形，末端截形，具有明显的线纹；色素体位于壳体两侧。

生境：主要生长在江河、水沟、池塘或湖泊中，浮游或着生在高等沉水植物和丝状藻类上，少数种类着生在流水岩石或木头上，部分种类可形成水华。伊犁河常见浮游藻类。

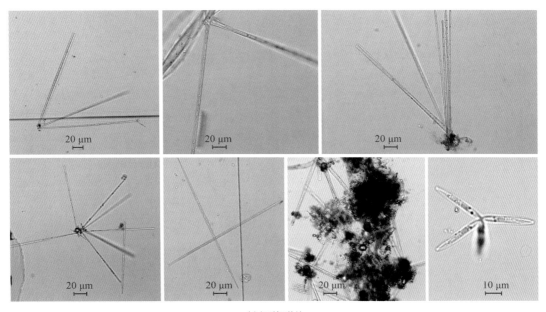

针杆藻群体

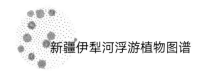

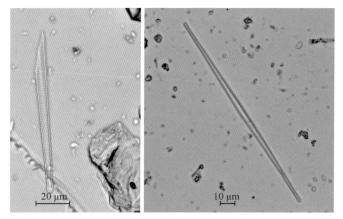

尖针杆藻 *S. acus*

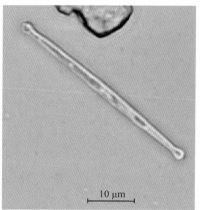

肘状针杆藻二喙变种
S. ulna var. *amphirhynchus*

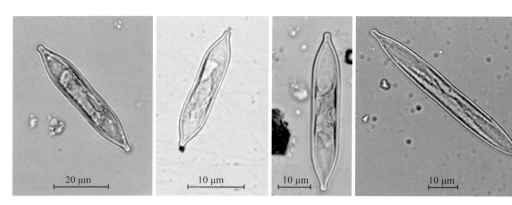

肘状针杆藻缢缩变种 *S. ulna.* var. *constracta*

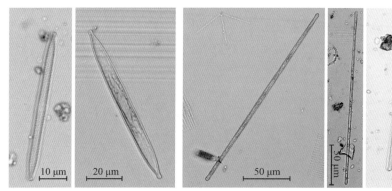

肘状针杆藻尖喙变种
S. ulna. var. *oxyrhynchus*

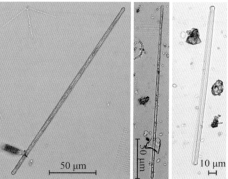

肘状针杆藻二头变种
S. ulna. var. *biceps*

其他针杆藻

29. 直链藻属 *Melosira* Agardh

分类地位：硅藻门、中心纲、圆筛藻目、圆筛藻科

形态特征：细胞群体形成链状，细胞彼此紧密连接，群体细胞多数为圆柱形。壳面圆形、常有棘或刺。带面常有环沟。且多个色素体、盘状。

生境：常见于各种浅水水体。伊犁河常见浮游藻类。

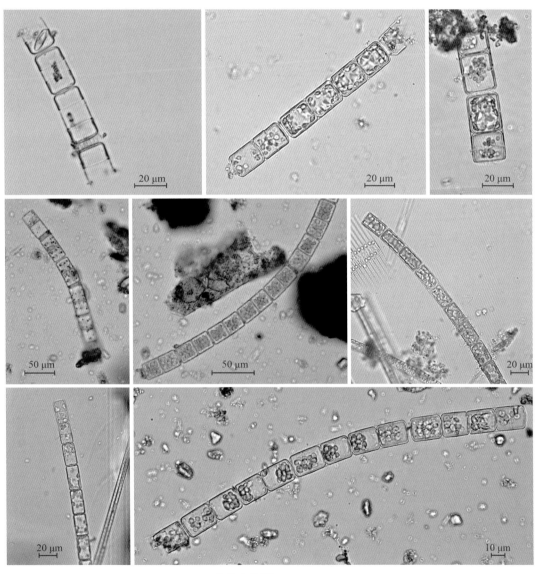

变异直链藻 *M. varians*

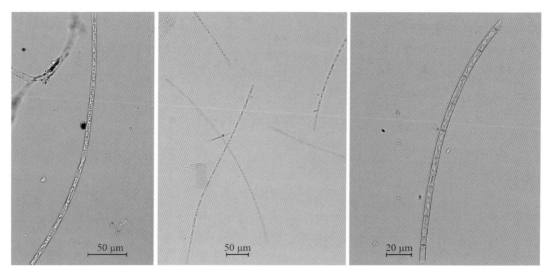

颗粒直链藻极狭变种 *M. granulata* var. *angutissima*

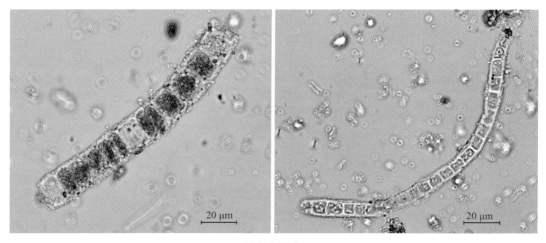

其他直链藻

30. 舟形藻属 *Navicula* Bory

分类地位： 硅藻门、羽纹纲、双壳缝目、舟形藻科

形态特征： 单细胞，浮游。壳面线形、披针形、菱形、椭圆形。两侧对称，末端钝圆、近头状或喙状；中轴区狭窄、线形或披针形，具中央节和极节。壳缘两侧具点纹组成的横线纹或布纹或肋纹或窝孔纹。带面长方形、平滑，无间生带。色素体片状或带状，多为2个。

生境： 生长在淡水、半咸水及海水中。伊犁河常见浮游类群。

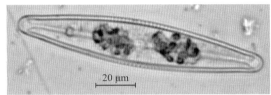

放射舟形藻 *N. radiosa*

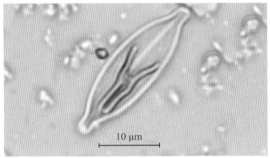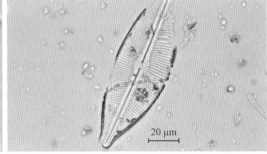

尖头舟形藻 *N.cupidata* 尖头舟形藻　　　　　赫里保变种 *N. cuspidata* var. *heribaudii*

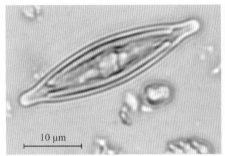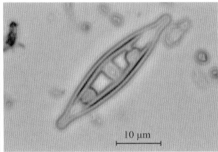

尖头舟形藻含糊变种 *N.cuspidata* var. *ambigua*

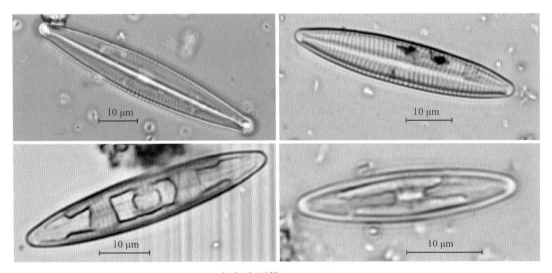

细长舟形藻 *N. gracilis*

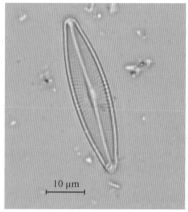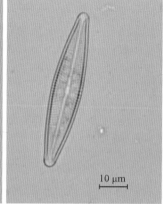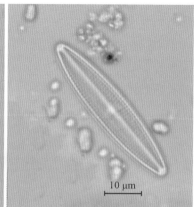

线形舟形藻 *N. graciloides*

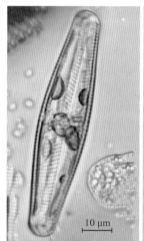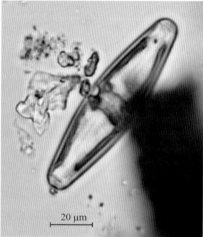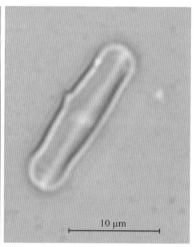

狭轴舟形藻 *N. verecunda*　　　胃形舟形藻 *N. gastrum*　　　瞳孔舟形藻头端变种
　　　　　　　　　　　　　　　　　　　　　　　　　　　　　　　　N. minima var. *capitata*

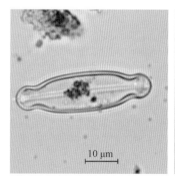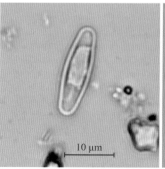

凸头舟形藻 *N. protracta*　　　　系带舟形藻 *N. cincta*

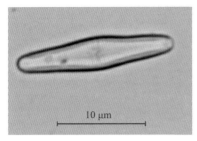
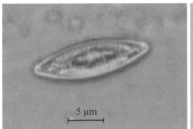
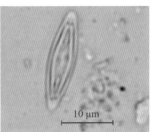

头端舟形藻 *N. capitata*　　　　　　放射舟形藻 *N. Radiosa*

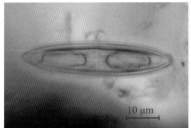
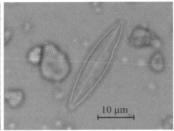
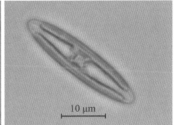

简单舟形藻 *N. Simplex*

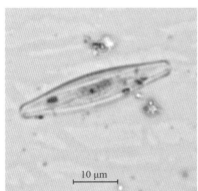
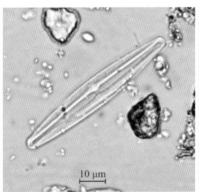
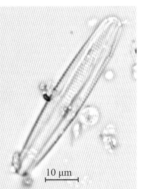

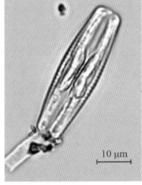
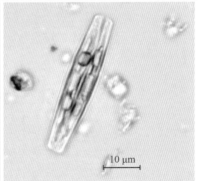

其他舟形藻

二、绿藻门

绿藻门（Chlorophyta）藻类，也俗称为绿藻（Green Algae），其光合色素为叶绿素 a 和叶绿素 b，具有与高等植物相同的色素和贮藏物质，辅助色素有叶黄素、胡萝卜素、玉米黄素、虾青素等。细胞常呈草绿色，贮存物质为淀粉。多数种类具 1 个或多个色素体；色素体有杯状、片状、盘状、星芒状、带状或网状等，周生或轴生。细胞多数具 1 个细胞核，少数为多核。有些种类具有蛋白核、眼点、鞭毛、伸缩泡等结构。绿藻细胞壁主要成分为纤维素，表面光滑或具颗粒、孔纹、刺、毛等构造。绿藻形态类型多样，主要有：①单细胞鞭毛类，如衣藻；②群体鞭毛类，如团藻；③四胞体类，如胶球藻；④球形，如小球藻；⑤叠状，如拟绿叠藻；⑥丝状体，如丝藻；⑦原叶体，如石莼；⑧管状结构，如石松。绿藻的繁殖方式多样，有营养繁殖、无性繁殖和有性繁殖。营养繁殖主要以细胞直接分裂完成，无性繁殖可以动孢子、静孢子、休眠孢子、似亲孢子或厚壁孢子方式进行，有性繁殖可以同配生殖、异配生殖、卵配生殖、接合生殖等方式进行。

绿藻是淡水和海洋中浮游生物的主要构成者之一。主要为淡水种类，海水种类仅占 10%，分布广泛，在江河、湖泊、沟渠、积水坑中，潮湿的土壤表面，墙壁上，岩石上，树干上，花盆四周，甚至在冰雪上都能生长。小球藻、盐藻和红球藻等具有食用和经济价值。绿藻中的实球藻、衣藻、浒苔等也可以大量繁殖形成水华。

31. 并联藻属 *Quadrigula* Printz

分类地位：绿藻门、绿藻纲、绿球藻目、卵囊藻科

形态特征：植物由 2 个、4 个、8 个或更多细胞聚集在一个共同的透明胶被内，细胞常 4 个为一组，其长轴与群体长轴互相平行排列，细胞上下两端平齐或互相错开，浮游。细胞纺锤形、新月形、近圆柱形到长椭圆形，直或略弯曲，细胞长度为宽度的 5 ~ 20 倍，两端略尖细。具 1 个色素体周生、片状，位于细胞的一侧或充满整个细胞。

生境：生长在池塘、湖泊中，伊犁河温泉电站水库夏季常见浮游种类。

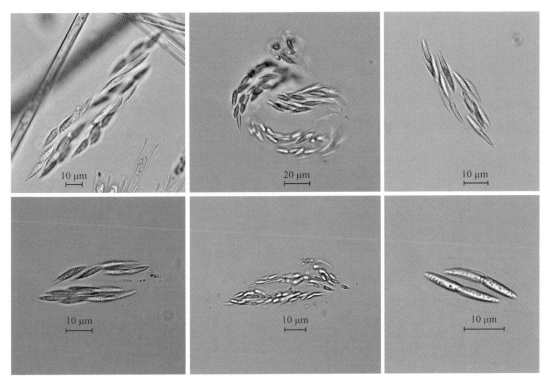

并联藻属 *Quadrigula* sp.

32. 浮球藻属 *Planktosphaeria* Smith

分类地位： 绿藻门、绿藻纲、绿球藻目、小球藻科

形态特征： 群体由 2、4、8 或更多个细胞不规则、紧密地排列在共同的透明群体胶被中。细胞球形，幼时具周生、杯状色素体，成熟后分散为盘状，具 1 个或多个蛋白核。细胞直径为 10 ～ 20 μm。

生境： 伊犁河偶见浮游类群。

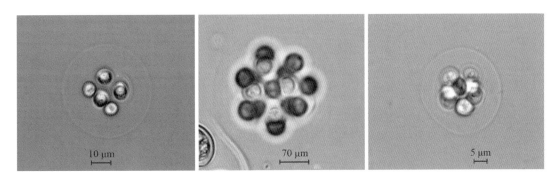

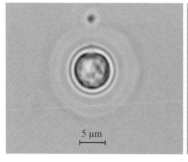
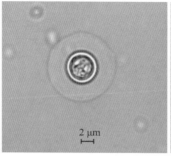
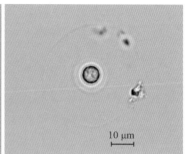

浮球藻 *P. gelatinosa*

33. 根枝藻属 *Rhizoclonium* Kütz

分类地位：绿藻门、绿藻纲、刚毛藻目、刚毛藻科

形态特征：植物体粗壮、漂浮或着生。不分枝或具短的根状分枝，偶尔具长的多细胞分枝，但无明显的基部和顶端的分化。细胞为短的或长的圆柱形，很少向一侧膨大。大多数种类的细胞壁厚而分层。色素体周生、盘状，具多数蛋白核。

生境：生长于池塘、湖泊的沿岸带，伊犁河偶见浮游藻类。

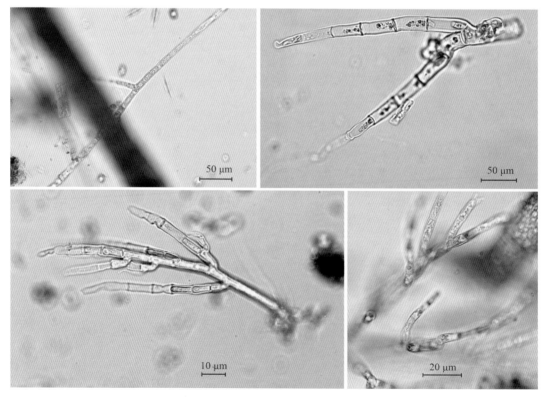

根枝藻属 *Rhizoclonium* Sp.

34. 胶网藻属 *Dictyosphaerium* Naegeli

分类地位：绿藻门、绿藻纲、绿球藻目、胶网藻科

形态特征：植物体呈集结体状，由 2 个、4 个、8 个、16 个或 32 个细胞构成，常被包在一共同的胶被之内，浮游。细胞长 6 ~ 10 μm，宽 4 ~ 8 μm。细胞球形、卵形、椭圆形或肾形，由母细胞壁的残余部分所形成的略呈"十"字形的分支经二分叉或四分叉或由膜状薄片将彼此分离的细胞连接而成，母细胞壁残余不分离的部分即是此集结体的中心部位。色素体 1 个，杯状，周生或位于细胞基部，具 1 个或不具蛋白核。生殖时产生似亲孢子。

生境：此属为常见浮游种类，分布广泛。伊犁河偶见浮游种类之一。

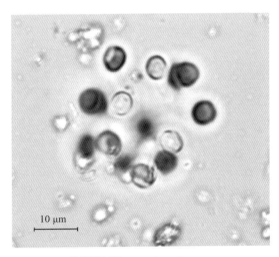

10 μm

胶网藻 *Dictyosphaerium* sp.

35. 角丝鼓藻属 *Desmidium* Agardh

分类地位：绿藻门、接合藻纲、鼓藻目、鼓藻科

形态特征：植物体为不分枝的丝状体，常为螺旋状缠绕，少数为平直形，有时具厚的胶被；细胞辐射对称，三角形或四角形，细胞宽常大于长，缢缝浅或中等深度凹入；半细胞正面管呈横长方形或横狭长圆形等，与相邻半细胞的顶部或顶角的短突起彼此互相连接形成丝状体，相邻两个半细胞紧密连接，无空隙或具一个椭圆形的空隙；半细胞具一个轴生的色素体，边缘具几个辐射状脊片，延伸到每个角内，每个脊片具 1 个蛋白核。

生境：生长在池塘、湖泊、沼泽中，国内外广泛分布，伊犁河偶见藻类。

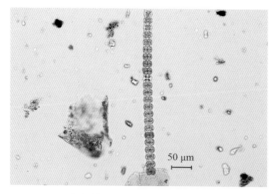

角丝鼓藻属 *Desmidium* Sp.

36. 角星鼓藻属 *Staurastrum* Meyen

分类地位：绿藻门、双星藻纲、鼓藻目、鼓藻科

形态特征：单细胞，细胞体一般长大于宽，绝大多数辐射对称，大多数缢缝深凹；许多种类半细胞侧角长出或长或短的臂状突起，边缘一般波形，具有齿轮，臂顶端平或具有 3～5 根刺。

生境：此属是鼓藻科主要的浮游种类，生长于各种贫营养或中营养、偏酸性的水体中。伊犁河恰甫其海水库偶见浮游种类。

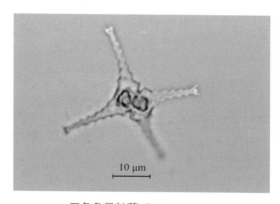

四角角星鼓藻 *S. tetracerum*

37. 橘色藻属 *Trentepohlia* Martius

分类地位：绿藻门、绿藻纲、橘色藻目、橘色藻科

形态特征：植物体气生，绒毛状，为由单列细胞构成的分枝丝状体，分为横向生长

和向上直立生长两部分；细胞圆柱状或近球形，细胞壁较厚或有分层，有时细胞顶端具有胶质帽（顶冠）。色素体带状、螺旋形或盘状，无蛋白核，不含淀粉，而常有油滴，因含大粒血红素而呈橘黄色或深橘红色。

生境：多生长在树干、岩石、墙壁、土壤或树叶上。伊犁河偶见藻类。

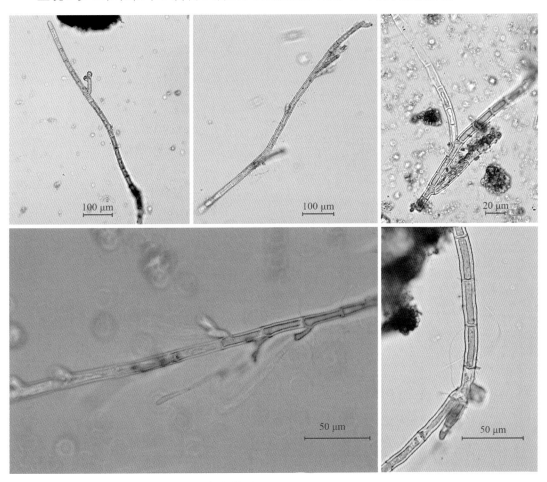

橘色藻属 *Trentepohlia* sp.

38. 克里藻属 *Klebsormidium* Silva

　　分类地位：绿藻门、绿藻纲、丝藻目、丝藻科

　　形态特征：植物体为单列细胞组成的不分枝的丝状体，无特殊的基细胞；细胞圆柱状，细胞壁薄，黏滑，但不胶质化。色素体较小，侧位，片状或盘状，围绕细胞周壁的一半或小于一半，具 1 个蛋白核。

　　生境：生长在潮湿的土壤中，少数种类水生。伊犁河偶见浮游种类。

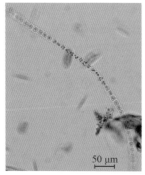
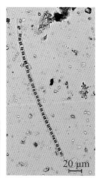
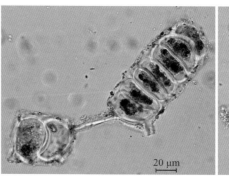

粘克里藻 *K. mucosum*　　层状克里藻　　　　　克里藻属 *Klebsormidium* sp.
　　　　　　　　　　　　K. lamellosum

39. 空球藻属 *Eudorina* Ehrenberg

分类地位：绿藻门、绿藻纲、团藻目、团藻科

形态特征：定形群体，具胶被，椭圆形，由 8、16、32、64 个（常为 16 个）细胞组成。群体细胞彼此分离，排列在胶被四周，群体胶被光滑或具小刺。细胞球形，前端具 2 根等长的鞭毛，基部具 2 个伸缩泡。色素体多数呈杯状，具 1 个或数个蛋白核，眼点 1 个。

生境：此属常见于有机质较高的浅水湖泊或鱼塘中。伊犁河温泉电站水库中偶见浮游种类。

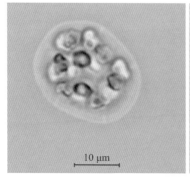
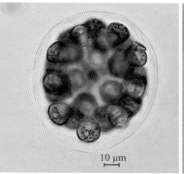
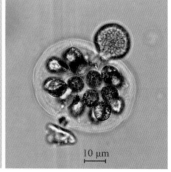

空球藻 *Eudorina* sp.

40. 空星藻属 *Coelastrum*

分类地位：绿藻门、绿藻纲、绿球藻目、真集结亚目、栅藻科

形态特征：植物为真性定形群体，由 4 个、8 个、16 个、32 个、64 个或 128 个细

胞组成多孔的、中空的球体到多角形体，群体细胞以细胞壁或细胞壁上的凸起彼此连接；细胞球形、圆锥形、近六角形等，细胞壁平滑，部分增厚或具管状突起；色素体周生，幼时杯状，具1个蛋白核，成熟后扩散，几乎充满整个细胞。

生境：可生活在各种静水水体中，伊犁河温泉电站水库常见浮游藻类。

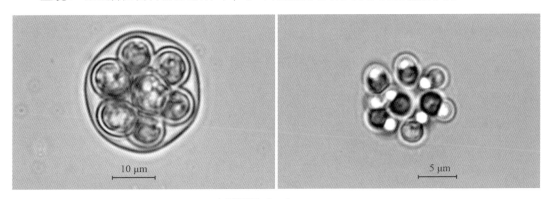

空星藻属 Coelastrum sp.

41. 卵囊藻属 *Oocystis* Nägeli

分类地位：绿藻门、绿藻纲、绿球藻目、卵囊藻科

形态特征：植物体单细胞，浮游。细胞壁能扩大并出现不同程度的胶化，并能在一段时间内保持一定的形态，常包括2、4、8、16个似亲孢子在内，使整个母细胞成为细胞数目固定，但不互相联结的细胞群体，母细胞即是似亲孢子囊。细胞具各种不同形状和大小，细胞壁薄或厚，壁的两端常有（或没有）特别加厚，并分别形成大小不同的圆锥状部分或结节（nodules），细胞壁扩大和胶化时，此加厚圆锥部分或结节不胶化。色素体1个或多个，具各种不同的形状，多为周位或侧位，每个色素体内具1个或不具蛋白核。细胞大小：长12～20 μm，宽5～14 μm。

生境：此属为常见浮游种类，分布广泛。伊犁河偶见浮游藻类。

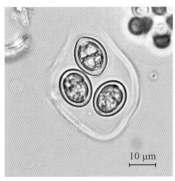
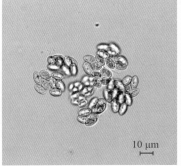
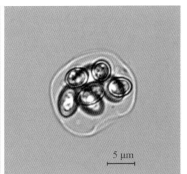

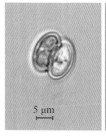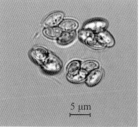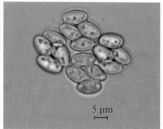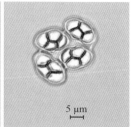

卵囊藻 *Oocystis* sp.

42. 拟胶丝藻属 *Gloeotilopsis* Iyengar et Philipose

分类地位：绿藻门、绿藻纲、丝藻目、丝藻科

形态特征：植物体为短的不分枝的丝状体，由1～6个细胞组成，无胶鞘；细胞圆柱状，较长，顶端钝缘，细胞壁薄，每个细胞具1个片状周位的色素体，与细胞的长度相等，占细胞周壁的3/4，单核，具1～2个蛋白核。

生境：生长于溪流或水池中，伊犁河偶见浮游植物种类。

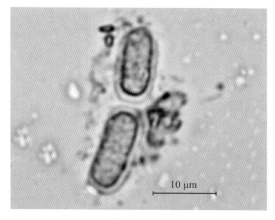

拟胶丝藻 *G.planctonica*

43. 葡萄藻属 *Botryococcus* Kuetzing

分类地位：绿藻门、绿藻纲、绿球目、葡萄藻科

形态特征：浮游群体，细胞椭圆形、卵形或楔形，多数包被在不规则分枝或分叶的、半透明的群体胶被顶端。色素体1个，杯状或叶状，黄绿色。

生境：广泛分布，主要生活于湖泊、水库、池塘等生境。伊犁河附属水库偶见藻类。

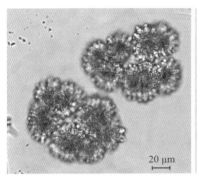
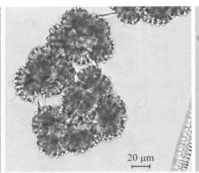
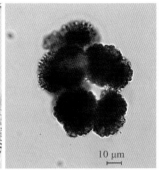

葡萄藻 *G. braunii*

44. 鞘藻属 *Oedogonium* Link ex Hirn

分类地位： 绿藻门、绿藻纲、鞘藻目、鞘藻科

形态特征： 植物体不分枝，营养细胞圆柱形，有些种类上端膨大，或两侧呈波状，顶端细胞末端呈钝圆形。色素体周生、网状，具 1 个或多个蛋白核。细胞长 20 ～ 60 μm，宽 10 ～ 16 μm。

生境： 此属藻类广泛分布于稻田、水沟和池塘等静止水体中，附着于其他基质上，或幼时着生、随后漂浮。伊犁河偶见浮游类群，常生活于浅水区域。

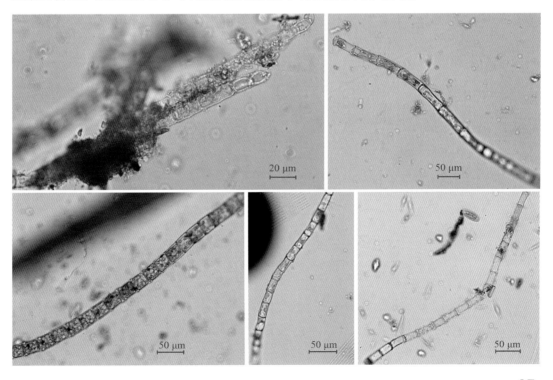

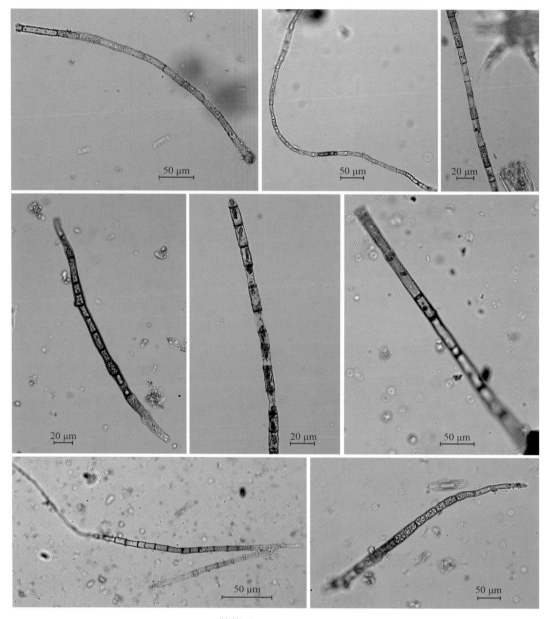

鞘藻 *Oedogonium* sp.

45. 球囊藻属 *Sphaerocystis* Chodat

分类地位： 绿藻门、绿藻纲、绿球藻目、卵囊藻科

形态特征： 植物体为球形的胶群体，由 2 个、4 个、8 个、16 个或 32 个细胞组成，各细胞以等间距规律地排列在群体胶被的四周，漂浮；群体细胞核球形，细胞壁明显，

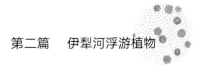

色素体周生、杯状，具 1 个蛋白核。

　　生境：生长在水坑、稻田、池塘、湖泊中。国内外广泛分布，伊犁河温泉电站水库偶见浮游藻类。

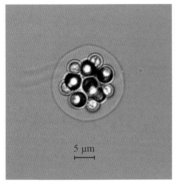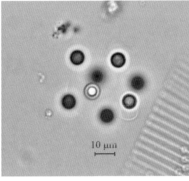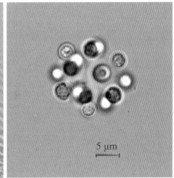

球囊藻 *S. schroeteri*

46. 十字藻属 *Crucigenia* Morren

　　分类地位：绿藻门、绿藻纲、绿球藻目、真集结亚目、栅藻科

　　形态特征：植物体为真性定形群体，由 4 个细胞排成椭圆形、卵形、方形或长方形，群体中央常具或大或小的方形空隙，常具不明显的群体胶被，子群体常为胶被粘连在一个平面上，形成板状的复合真性定性群体。细胞梯形、半圆形、椭圆形或三角形，具 1 个色素体，周生、片状，具 1 个蛋白核。

　　生境：生长在湖泊、池塘中，浮游，伊犁河温泉电站水库偶见浮游藻类。

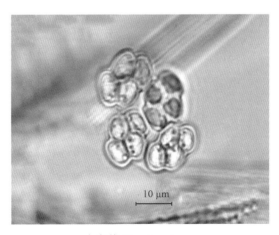

十字藻 *Crucigenia* sp.

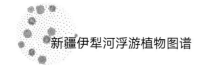

47. 实球藻属 *Pandorina* Bory

分类地位：绿藻门、绿藻纲、团藻目、团藻科

形态特征：定形群体，具胶被，球形或短椭球形，由 8、16、32（常为 16 个）细胞组成。群体细胞彼此紧贴，位于群体中心，细胞常无间隙，或仅在群体中心有小空隙。细胞球形、楔形或倒卵形，前端具 2 根等长的鞭毛，基部具 2 个伸缩泡。色素体多数杯状，具 1 个或数个蛋白核，具 1 个眼点。

生境：此属常见于有机质含量较高的浅水湖泊或鱼塘中。伊犁河水库中偶见浮游藻类。

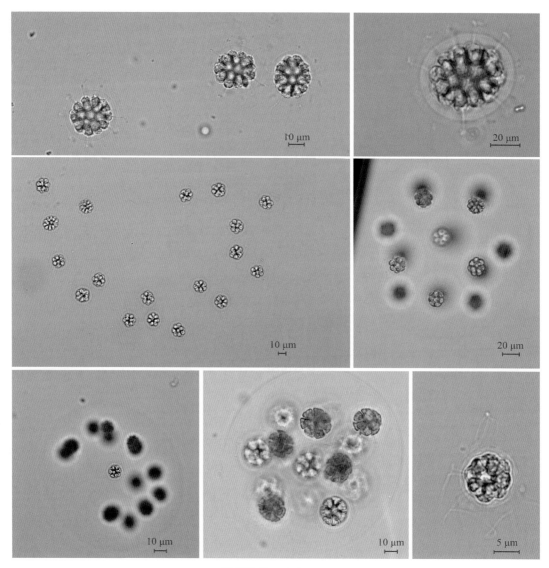

实球藻 *Pandorina* sp.

48. 双胞藻属 *Geminella* Turpin

分类地位： 绿藻门、绿藻纲、丝藻目、丝藻科

形态特征： 细胞体为单列细胞的丝状体，大多自由漂浮，罕见着生。丝状体具不同厚薄、透明、同质的胶被。细胞圆柱形、椭圆形或长圆形，两端钝圆。组成丝状体的细胞很少彼此连接，常被胶质分隔，或单个细胞分离，或两个靠近的细胞成为一组并以组为单位分隔。细胞通常长大于宽，少数种类为横向的椭圆形，色素体侧位、片状，占细胞周壁的一部分或充满整个细胞，具或不具蛋白核。

生境： 多生长在水池中。伊犁河常见浮游藻类。

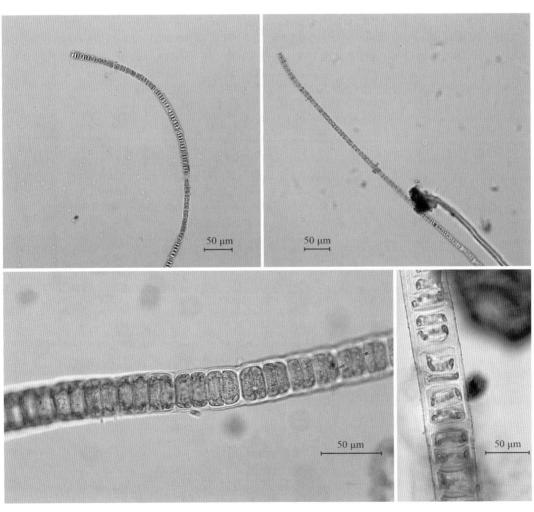

双胞藻 *Geminella* sp.

49. 双星藻属 *Zygnema* C.Agardh

分类地位：绿藻门、接合藻纲、双星藻目、双星藻科

形态特征：植物体为由单列细胞组成的长而不分枝的丝状体，细胞圆柱形，通常长度是宽度的 2～5 倍。细胞壁平滑。每个细胞具 2 个星芒状色素体，沿细胞长轴排列。每个色素体中央有一个大的蛋白核。细胞核一个，位于 2 个色素体之间。

生境：广泛分布于浅水静水水体中，伊犁河常见浮游藻类。

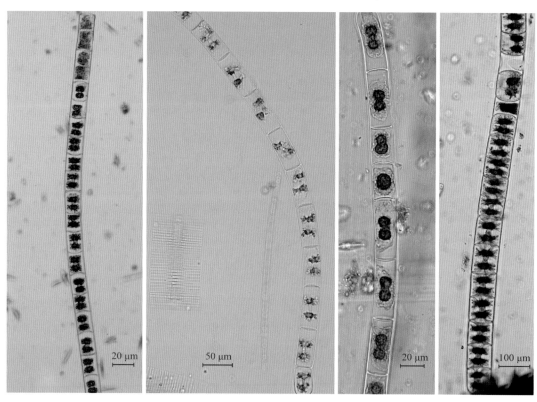

双星藻属 *Zygnena* sp.

50. 水绵属 *Spirogyra* Link

分类地位：绿藻门、接合藻纲、双星藻目、双星藻科

形态特征：藻体为细长丝状体，不分枝。营养细胞呈圆柱形，由一列柱状细胞构成。具有螺旋形的条带叶绿体，1～16 条，其中有若干蛋白核；1 个细胞核。

生境：生长在水坑、水沟、池塘等小水体，国内外广泛分布，伊犁河常见藻类。

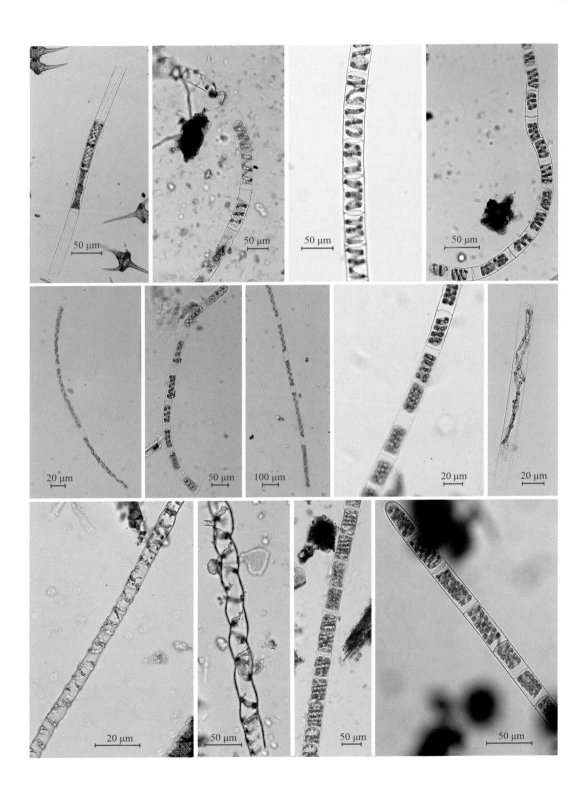

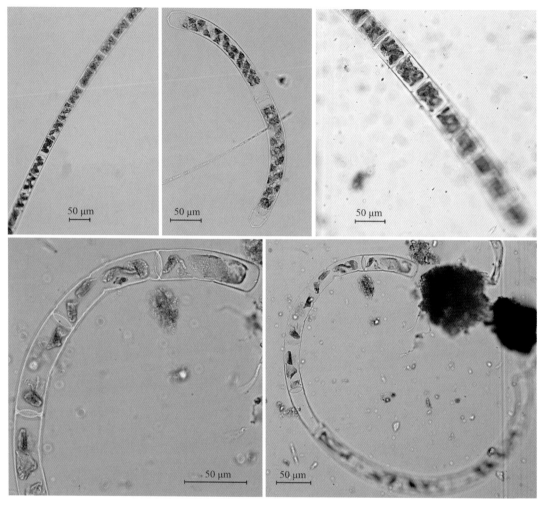

水绵 *Spirogyra* sp.

51. 丝藻属 *Ulothrix* Kützing

分类地位：绿藻门、绿藻纲、丝藻目、丝藻科

形态特征：丝状体由单列细胞构成，长度不等，幼丝体由基细胞固着在基质上，基细胞或略分叉呈假根状；细胞圆柱状，有时略膨大，一般长大于宽，有时横壁收缢；细胞壁一般为薄壁，有时为厚壁或略分层；少数种类具胶鞘。色素体 1 个，侧位或周位，部分或整个围绕细胞内壁，充满或不充满整个细胞，含 1 个或更多的蛋白核。

生境：国内外广泛分布，常固着生长于流水中。伊犁河常见藻类。

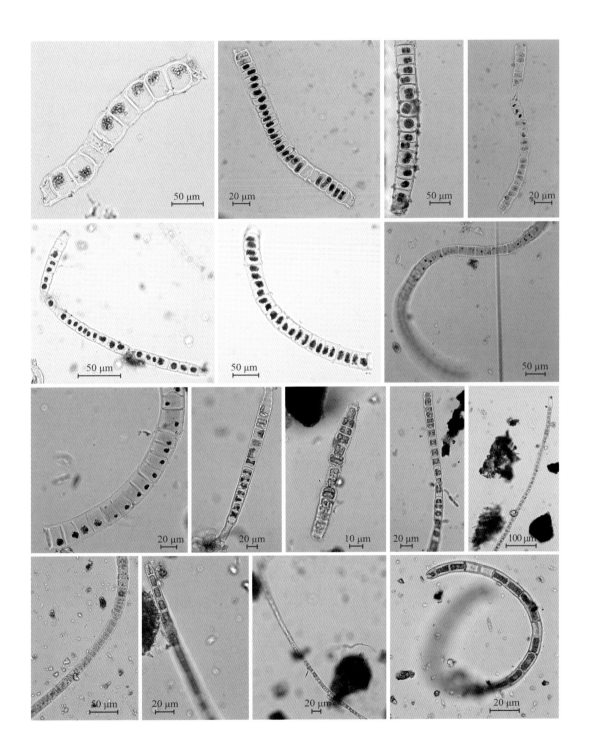

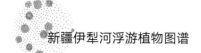

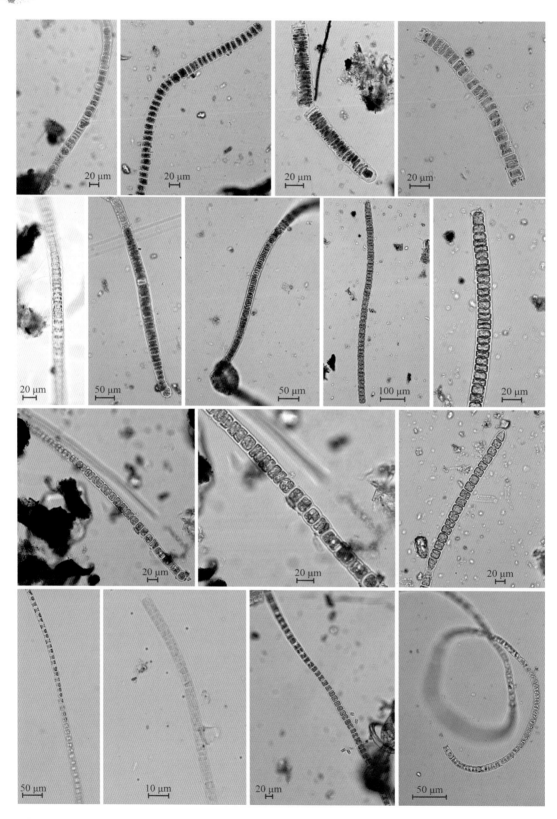

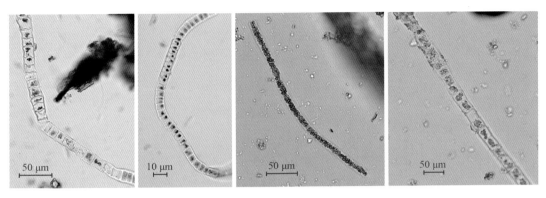

丝藻 *Ulothrix* sp.

52. 四鞭藻属 *Carteria* Dies. em. Dill

分类地位：绿藻门、绿藻纲、团藻目、衣藻科

形态特征：单细胞，为具四条鞭毛的运动个体。藻体绿色。细胞或球形或椭圆形或卵形。鞭毛与细胞等长或超过细胞长度或稍许短些。色素体或杯状或星状或"H"字形等。蛋白核通常一个，位于色素体增厚的后端或侧面（少数有几个或没有）。眼点常明显。收缩泡通常两个，位于鞭毛基部。

生境：常见于含有机质较多的小水体或湖泊的浅水区域，春秋两季大量生长。伊犁河恰甫其海水库常见浮游藻类。

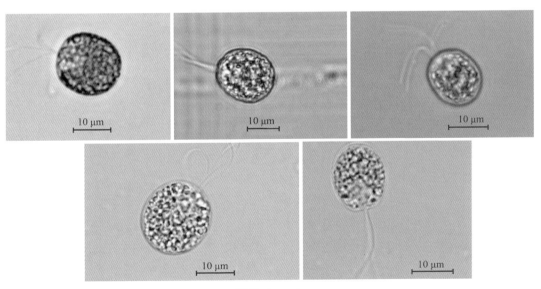

四鞭藻 *Carteria* sp.

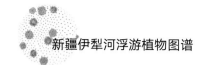

53. 筒藻属 *Cylindrocapsa* Reinsch

分类地位：绿藻门、绿藻纲、丝藻目、筒藻科

形态特征：植物体为不分枝的丝状体，幼时着生，成长后漂浮。细胞壁厚。色素体轴生、星状，充满细胞，中央具 1 个蛋白核。

生境：此属种类常在池塘或水沟中与其他丝状藻类混生，很少单独大量生长。伊犁河偶见浮游藻类。

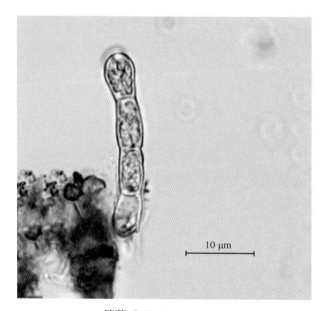

筒藻 *Cylindrocapsa* sp.

54. 尾丝藻属 *Uronema* Lagerheim

分类地位：绿藻门、绿藻纲、丝藻目、丝藻科

形态特征：丝状体由单列细胞构成，直或略弯曲；基细胞多向下渐窄，末端具有盘状或其他形状的固着器，含有或不含有色素体；顶端细胞常向前渐窄或渐尖细，弯曲或不弯曲，但不形成无色的多细胞毛；细胞圆柱状。色素体 1 个，侧位，带状，有时是空心筒状，充满或不充满整个细胞，含有 1 个或更多的蛋白核。

生境：生于水池、水沟、水坑或积水中，着生在其他藻类或沉水植物上。伊犁河偶见藻类。

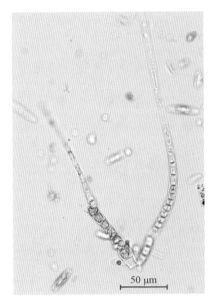

尾丝藻 *Uronema* sp.

55. 溪菜属 *Prasiola* Meneghini

　　分类地位：绿藻门、绿藻纲、石莼目、溪菜科

　　形态特征：植物体多为大型带状或片状，边缘或有缺刻；仅由一层细胞组成，但常以 4 个细胞为一组；以短的假根或基部边缘细胞的假根状突起或增厚的柄固着。幼体常为不分枝的圆柱状丝状体，以后逐步发育成叶状体。细胞单核，具 1 个轴生、星芒状的色素体，色素体中含 1 个蛋白核。

　　生境：此属淡水种类多生于山溪、河流等，伊犁河偶见藻类。

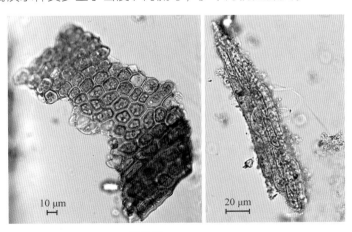

溪菜属 *Prasiola* sp.

56. 针丝藻属 *Raphidonema* Lagerheim

分类地位：绿藻门、绿藻纲、丝藻目、丝藻科

形态特征：植物体为单列细胞组成的不分枝丝状体，很少超过12个细胞，常断裂成单个细胞。丝状体两端常渐尖细。细胞圆柱状，或两端细尖呈纺锤形，或一端细尖呈圆锥形。细胞壁薄，不具胶鞘。色素体侧位，片状，无蛋白核。

生境：生于岩石、枯树或潮湿的土壤上，或与水草混生。伊犁河偶见藻类。

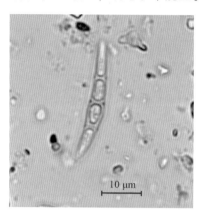

针丝藻 *Raphidonema* sp.

57. 转板藻属 *Mougeotia* Agardh

分类地位：绿藻门、接合藻纲、双星藻目、双星藻科

形态特征：植物体由单细胞组成的长而不分枝的丝状体，细胞圆柱形，通常长宽比至少为5:1。色素体板状，1个（极少2个），轴生；具多个蛋白核，排列成行或分散排列。接合生殖为梯形接合。

生境：生长在水坑、池塘、湖泊、水库、沼泽、稻田中。伊犁河常见藻类。

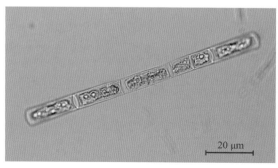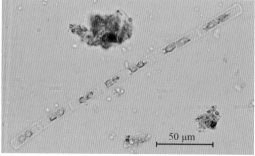

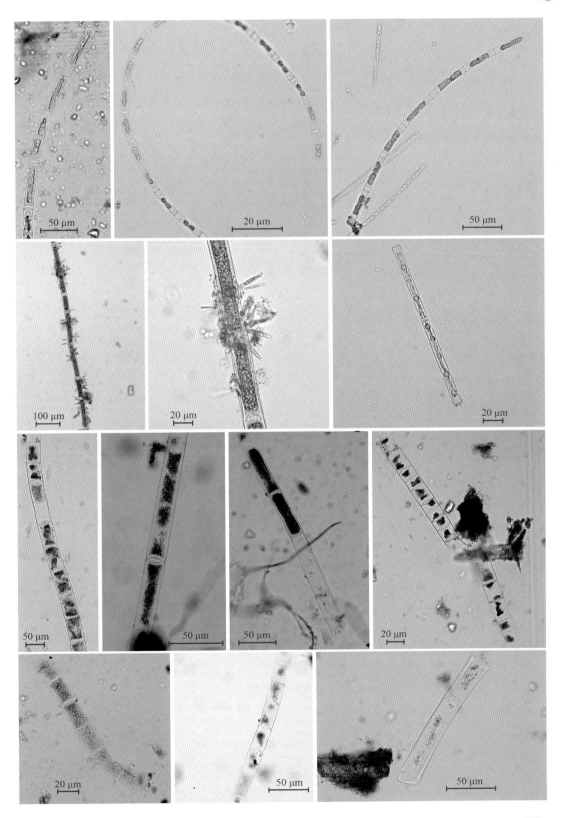

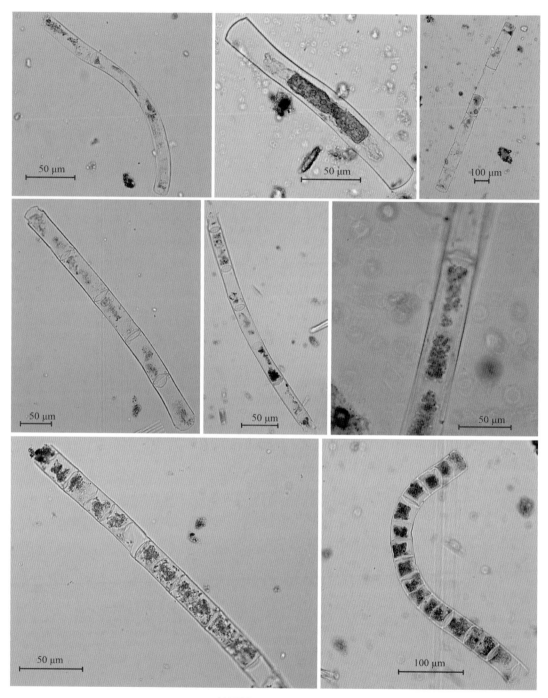

转板藻 *Mougeotia* sp.

三、蓝藻门

蓝藻门（Cyanophyta）是一类原核生物，又被称为蓝细菌（Cyanobacteria），是最简单、最原始的绿色光合自养生物类群。蓝藻细胞的原生质体不分化成细胞质和细胞核，而分化成周质（Periplasm）和中央质（Centroplasm）。蓝藻含有叶绿素a、藻胆蛋白（包含4种色素，即藻蓝素、别藻蓝素、藻红素和藻红蓝素），因此常呈现蓝绿色或红色。同化产物以蓝藻淀粉为主。蓝藻为单细胞、非丝状或丝状群体。非丝状群体常有板状、立方形或中空球状等多种形态，但多数为不定形群体。丝状群体通常由单列细胞组成藻丝，具或不具胶鞘。有些种类的藻丝具有分枝或假分枝。有些类群的少数营养细胞可以分化为异形胞（Heterocyst），它是一种缺乏光合结构、通常比普通营养细胞大的厚壁特化细胞，具有直接吸收大气中的氮气并还原为铵根离子的固氮能力。有些类群细胞具有伪空胞或气囊的结构，在光镜下呈现黑色或紫红色的颗粒，具有为细胞提供浮力的功能。蓝藻的繁殖方式有两类，一为营养繁殖，包括细胞直接分裂（即裂殖）、群体破裂和丝状体产生藻殖段等几种方法，另一种为某些蓝藻可产生内生孢子或外生孢子等，以进行无性生殖。孢子无鞭毛。

蓝藻分布十分广泛，遍及世界各地，但大多数（约75%）为淡水产，少数为海产；有些蓝藻可生活在60～85℃的温泉中；有些种类和菌、苔藓、蕨类、裸子植物和被子植物共生；有些还可穿入钙质岩石或介壳中（如穿钙藻类）或土壤深层中（如土壤蓝藻）。有些种类，如螺旋藻、地木耳、葛仙米，具有食用价值和经济价值。蓝藻在水体中过度增殖就可能形成"水华"。微囊藻、鱼腥藻和束丝藻是我国常见的蓝藻水华类群，它们在池塘、湖泊、水库大量繁殖形成水华，破坏水体的生态系统，造成鱼虾等水生生物的死亡，还可能释放毒素危害人体健康。

58. 博氏藻属 *Borzia* Cohn ex Gomont

分类地位： 蓝藻门、蓝藻纲、颤藻目、博氏藻科

形态特征： 藻丝单生或成小群体，非常短，最多具16个细胞，横壁明显收缢；无鞘，

有时具薄的胶质或具鞘；藻丝一般不能动，罕见可颤动的。

　　生境：附着在潮湿的石壁上或岩石上，伊犁河偶见藻类。

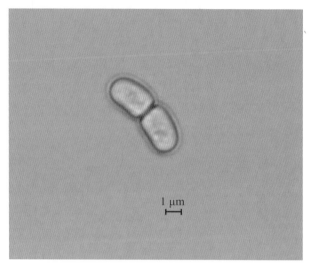

博氏藻属 *Borzia* sp.

59. 颤藻属 *Oscillatoria* Vaucher ex Gomont

　　分类地位：蓝藻门、蓝藻纲、颤藻目、颤藻科

　　形态特征：单条藻丝或由许多藻丝组成的漂浮群体。藻丝不分枝，直或扭曲、常无鞘。能颤动。横臂收缢或不收缢，顶端细胞形态多样，末端增厚或具帽状结构。细胞呈短圆柱形或盘状。内含物均匀或具颗粒。

　　生境：常为附着类群，伊犁河偶见浮游种类。

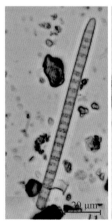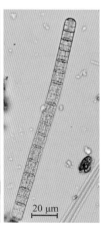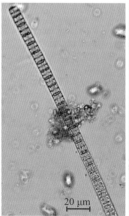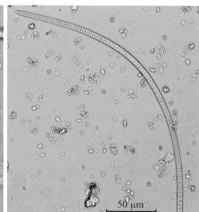

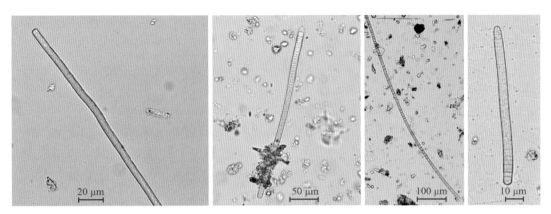

颤藻属 *Oscillatoria* sp.

60. 浮丝藻属 *Planktonthrix*

　　分类地位：蓝藻门、蓝藻纲、颤藻目、席藻科

　　形态特征：植物体单生，直或略弯曲，除不正常条件外，无坚硬的鞘；藻丝从中部到顶端渐尖细，具帽状结构，不能运动或不明显运动。细胞圆柱形，罕见方形，气囊充满细胞。

　　生境：生活在池塘、流水沟。伊犁河偶见藻类。

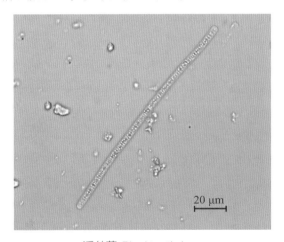

浮丝藻 *Planktonthrix* sp.

61. 鞘丝藻属 *Lyngbya* C. Ag. Ex Gom

　　分类地位：蓝藻门、蓝藻纲、颤藻目、颤藻科

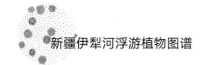

形态特征：丝体罕见单生，常为密集的大的似革状的层状；丝体罕见伪分枝，波状。藻丝具鞘，鞘有时分层；藻丝由盘状细胞组成。

生境：分布于静止水体、流水、沼泽、湖泊浅滩等，伊犁河偶见浮游藻类。

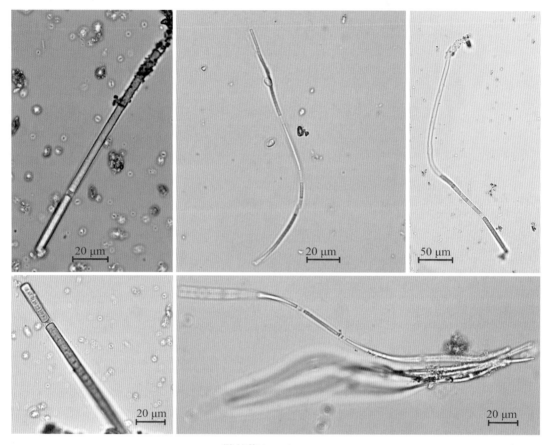

鞘丝藻 *Lyngbya* sp.

62. 色球藻属 *Chroococcus* Nägeli

分类地位：蓝藻门、蓝藻纲、色球藻目、色球藻科

形态特征：植物体少数为单细胞，多数为 2 个乃至更多（很少超过 128 个）细胞组成的群体；群体胶被较厚，均匀或分层，呈透明或黄褐色、红色、紫蓝色；个体细胞胶被均匀或分层。细胞呈球形或半球形。原生质体均匀或具有颗粒，已知有灰色、淡蓝色、蓝绿色、橄榄绿色、黄色和褐色，气囊有或无；细胞有三个分裂面。

生境：生长在浅水湖泊和小型水体中，伊犁河偶见浮游藻类。

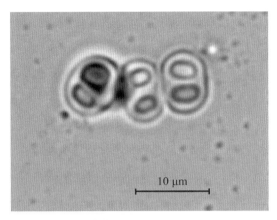

色球藻 *Chroococcus* sp.

63. 伪鱼腥藻属 *Pseudanabaena* Lauterborn

分类地位：蓝藻门、蓝藻纲、颤藻目、颤藻科

形态特征：藻丝漂浮，藻丝多数直。不具胶鞘，收缢明显。细胞圆柱形或椭圆形，均质、无伪空胞。细胞长 8 ～ 15 μm，宽 2 ～ 4 μm。

生境：伊犁河偶见浮游藻类。

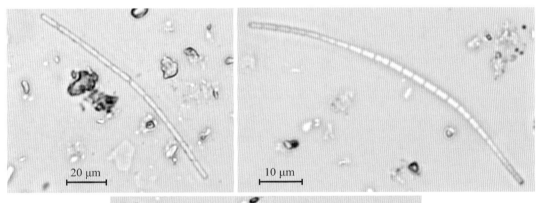

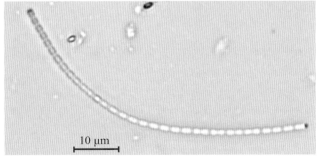

伪鱼腥藻 *Pseudanabaena* sp.

64. 鱼腥藻属 *Anabaena* Bory

分类地位: 蓝藻门、蓝藻纲、念珠藻目、念珠藻科

形态特征: 植物体为单一丝体, 或不定形胶质块, 或柔软膜状。藻丝等宽或末端尖, 直或不规则的螺旋状弯曲。细胞球形、桶形。异形胞常为间位。孢子 1 个或几个成串, 紧靠异形胞或位于异形胞之间。

生境: 生活在较为静止的水体中, 伊犁河偶见浮游藻类。

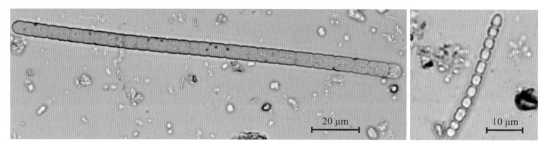

鱼腥藻 *Anabaena* sp.

四、甲藻门

甲藻门（Dinophyta）绝大多数为单细胞，极少呈丝状。细胞球形或针状，背腹扁平或左右侧扁，细胞裸露或具细胞壁，壁薄或厚而硬。纵裂甲藻类细胞壁由左右2个对称的半片组成，无纵沟或横沟。横裂甲藻类壳壁由许多小板片组成；板片有时具角、刺或乳头状突起，板片表面常具圆孔纹或窝孔纹。大多数种类具1条横沟和1条纵沟。横沟位于细胞中部，横沟上半部称上壳或上锥部，下半部称下壳或下锥部。纵沟又称"腹区"，位于下锥部腹面。具两条鞭毛，顶生或从横沟和纵沟相交处的鞭毛孔伸出。1条为横鞭，带状，环绕在横沟中；1条为纵鞭，线状，通过纵沟向后伸出。具多个色素体，或圆盘状或棒状，常分散在细胞表层，棒状色素体常呈辐射状排列，大多数金黄色、黄绿色或褐色；极少数种类无色，有的种类具蛋白核。贮存物质为淀粉和油。少数种类具刺丝胞。有些种类具眼点。细胞分裂是甲藻类最普遍的繁殖方式。

甲藻门分布十分广泛，在海水、淡水和半咸水均有分布，多数生活在海洋中。该门的藻类植物通过光合作用，合成大量有机化合物，是海洋小型浮游动物的重要饵料之一。某些甲藻是形成赤潮的主要生物。有些甲藻可分泌毒素，毒害其他水生生物。

65. 多甲藻属 *Peridinium* Ehr.

分类地位： 甲藻门、甲藻纲、多甲藻目、多甲藻科

形态特征： 单细胞，细胞形状多样，一般为球形、椭圆形、卵形等。纵沟、横沟显著，沟边缘有时具有刺状或乳头状突起。

生境： 本属种类较多，分布广泛，部分种类能在湖泊或江河中形成水华。伊犁河水库中偶见藻类。

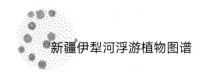
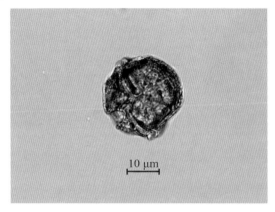

多甲藻 *Peridinium* sp.

66. 拟多甲藻属 *Peridiniopsis* Lemmermann

分类地位：甲藻门、甲藻纲、多甲藻目、多甲藻科

形态特征：细胞椭圆形或圆球形。下锥部等于或小于上锥部。板片具刺、似齿状突起或翼状纹饰。

生境：湖泊和池塘常见藻类。伊犁河水库中偶见藻类。

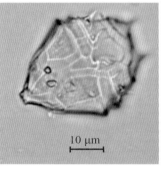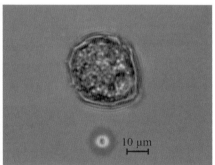

拟多甲藻 *Peridiniopsis* sp.

67. 角藻属 *Ceratium* F.Schrank

分类地位：甲藻门、甲藻纲、多甲藻目、角藻科

形态特征：细胞呈宽或窄的纺锤形。上壳具一根狭长、逐渐尖锐的顶角。下壳宽、短，具有 2～3 根底角。

生境：广泛分布于各种静止水体中。

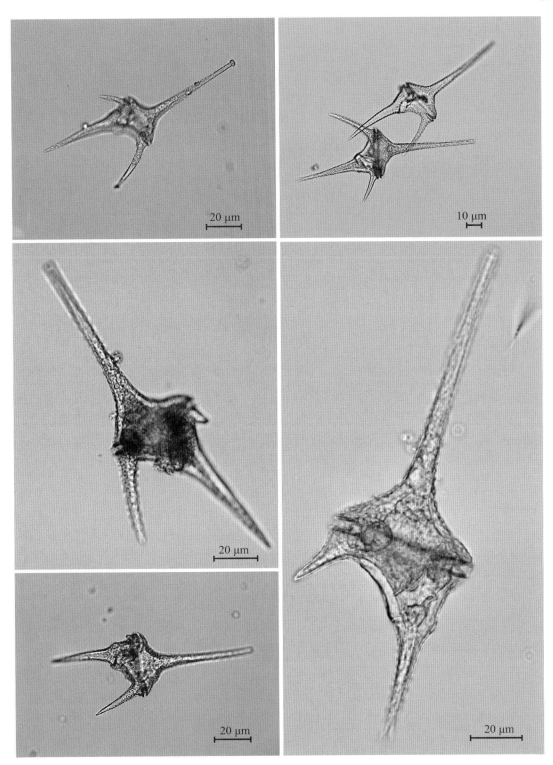

飞燕角藻 *C. hirundinella*

五、金藻门

　　金藻门（Chrysophyta）多为单细胞或群体，少数为丝状体，多数种类具鞭毛，能运动。大多数具鞭毛 2 条，等长或不等长；极少数具 1 条或 3 条。细胞裸露或在表质上具有硅质化鳞片、小刺或囊壳。大多数种类为裸露的运动细胞，在保存液中会失去几乎所有细胞特征。色素除叶绿素 a、叶绿素 c、β - 胡萝卜素和叶黄素等以外，还有副色素，这些副色素总称为金藻素（Pycockysin）。金藻的色素体具 1 ～ 2 个，片状，侧生。贮存物质为白糖素和油滴。白糖素为光亮而不透明的球体，又称白糖体，常位于细胞后部。具 1 个细胞核。具 1 ～ 2 个液胞，位于鞭毛的基部。

　　金藻门的繁殖方式有营养繁殖、无性繁殖和有性繁殖。单细胞种类的繁殖，常为细胞纵分成 2 个子细胞；群体以群体断裂成 2 个或更多的小片，每个段片长成 1 个新的群体，或以细胞从群体中脱离而发育成一新群体。不能运动的种类产生动孢子，有的可产生内壁孢子（静孢子），这是金藻特有的生殖细胞，细胞球形或椭圆形，具 2 片硅质的壁，顶端具一小孔，孔口具一明显胶塞，孢子下沉至湖底部的沉积物中并可保持至萌发。有的种类为有性生殖，如锥囊藻属、黄群藻属等。

　　金藻类生殖在淡水及海水中，大多数生长在透明度大、温度较低、有机质含量少的清水水体中，对水温的变化比较敏感，常在冬季、早春和晚秋生长旺盛。金藻门有许多种类，因他们生长的特殊要求，可作为生物指示种类，可用于监测水质和评价水环境。

68. 锥囊藻属 *Dinobryon* Ehrenberg

　　分类地位： 金藻门、金藻纲、色金藻目、锥囊藻科

　　形态特征： 植物体多为树状或丛状群体，浮游或着生；细胞具圆锥形或钟形或圆柱形囊壳，前端呈圆形或喇叭状开口，后端锥形，呈透明或黄褐色，表面平滑或具波纹；细胞纺锤形或卵形或圆锥形，基部以细胞质短柄附着于囊壳的底部。细胞前端具 2 条不等长的鞭毛，1 条长的从囊壳开口处伸出，1 条短的在囊壳开口内。伸缩泡 1 个或多个。

眼点 1 个。色素体周生、片状，1～2 个，光合作用产物为金藻昆布糖，常为 1 个大的球状体，位于细胞的后端。繁殖方式为细胞纵分裂，也常形成休眠孢子。有性生殖为同配。

生境：此属为湖泊、池塘中常见浮游藻类，一般生长在清洁、贫营养的水体中。伊犁河水库夏季常见浮游种类。

锥囊藻 *Dinobryon* sp.

六、裸藻门

裸藻门（Euglenophyta）主要的特征为含有叶绿素 a 和叶绿素 b，具有单层膜的细胞内质网、间核（Mesokaryotic Nucleus），鞭毛具单侧鞭茸，主要的贮存物质为裸藻淀粉或金藻昆布糖。裸藻通常为无细胞壁，有鞭毛，能自由游动的单细胞生物。裸藻没有细胞壁，但质膜下的原生质体外层特化成表质，称为周质体（Periplast）。表质由平而紧密结合的线纹组成，这些线纹多数以螺旋的方式环绕着藻体。有些周质体薄，易弯曲，藻体能变形。还有些周质体厚而硬，使藻体具固定形状。有些属如囊裸藻属，能分泌一种带孔的囊壳（Lorica），鞭毛由囊壳孔伸出。藻体前端有胞口和狭长的胞咽，胞咽下部的膨大部分叫储蓄泡。储蓄泡周围有 1 个或多个伸缩泡。裸藻还具副淀粉粒、蛋白核、眼点等结构。色素体的有无、色素体中蛋白核的有无及其形态都是分类的重要依据。

裸藻淀粉或副淀粉主要由 β-1：3 葡聚糖组成，不对碘产生蓝黑色变化，副淀粉在细胞内聚成颗粒称为副淀粉粒。副淀粉粒大小不等、形状各异，有杆状、环形、圆盘形、球形、椭圆形或假环形等，这也是主要的鉴定依据。裸藻通常由细胞纵分裂进行无性繁殖，有性生殖方式较为少见。

裸藻主要生长在各种淡水环境中，如水坑、沟渠、池塘、溪流、湖泊和河流，特别是富含有机质的水域适合裸藻生存。与河流、湖泊等有机质含量相对较低的大水体相比，裸藻在鱼塘等有机质丰富的小水体中更常见。夏季大量繁殖使水呈绿色，并浮在水面形成水华。

69. 裸藻属 *Euglena* Ehrenberg

分类地位：裸藻门、裸藻纲、裸藻目、裸藻科

形态特征：单细胞，多为纺锤形或圆柱形，形状可变，后端延伸呈尾状或具尾刺。表质柔软或半硬化，具螺旋形旋转排列的线纹。色素体 1 个或多个，呈星形或钝形或盘状，蛋白核有或无。副淀粉粒呈小颗粒状，数量不等，或为大的定形颗粒。细胞核较大，位于中部或后位。鞭毛 1 条。眼点明显。

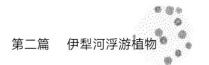

生境：分布较广，为湖泊、沼泽等静水水体中常见浮游藻类。在有机质丰富的水体中可大量繁殖，可使水呈棕褐色或绿色，形成水华。巢湖常见浮游种类。

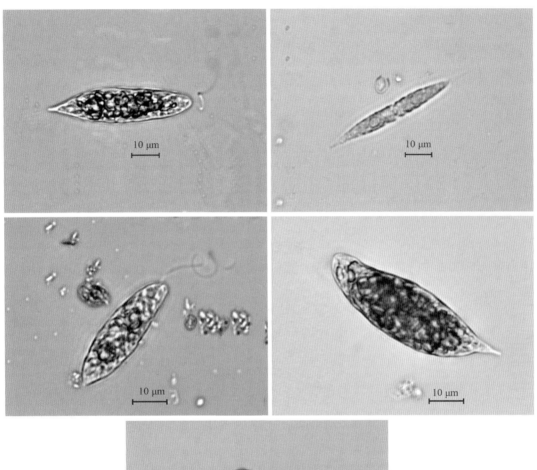

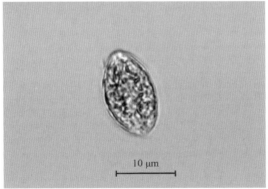

裸藻 *Euglena* sp.

70. 鳞孔藻属 *Lepocinclis* Perty

分类地位：裸藻门、裸藻纲、裸藻目、裸藻科

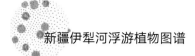

　　形态特征：细胞表质硬，形状固定，球形、卵形、椭圆形或纺锤形。辐射对称，横切面为圆形，后端多数呈渐尖形或具尾刺；表质具线纹或颗粒，纵向或螺旋形排列。色素体多数，呈盘状，无蛋白核。副淀粉粒常为2个大的定形颗粒，环形侧生。单鞭毛，具眼点。

　　生境：伊犁河偶见浮游藻类。

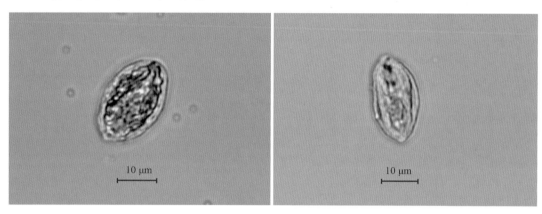

鳞孔藻 *Lepocinclis* sp.

七、黄藻门

黄藻门（Xanthophyta）植物体类型为单细胞、群体、多核管状或丝状体。细胞壁含较多果胶质，多数由相等或不相等的"U"字形的2节片套合组成；管状或丝状体的细胞壁由"H"字形的2节片套合而成。运动细胞有两根亚顶生、不等长的鞭毛，1根长的伸向前方，是茸鞭型的；另1根短的弯向后方，是尾鞭形，轴丝是9+2条。

黄藻类色素体呈黄绿色，光合色素主要成分是叶绿素a、c、e、β-胡萝卜素和叶黄素。同化产物为油滴、金藻昆布糖及脂肪。

细胞中色素体1个或多个，盘状、片状或带状，呈淡绿色或黄绿色，有或无蛋白核。色素体具4层被膜，外膜与细胞核膜相连续，具带片层，类囊体常三条并列。眼点位于色素体被膜内，针胞藻纲细胞表面具刺细胞或具球形胶质体。

无性生殖产生动孢子、似亲孢子或不动孢子，动孢子具2条不等长鞭毛；丝状种类常由丝状体断裂而繁殖。少数为有性生殖。

71. 黄丝藻属 *Tribonema* Derbes

分类地位：黄藻门、黄藻纲、异丝藻目、黄丝藻科

形态特征：植物体为不分枝丝状体。细胞圆柱形或两侧略膨大的腰鼓形，长为宽的2～5倍；细胞由"H"字形2节片套合组成。色素体1或多个，周生，盘状、片状、带状，无蛋白核；同化产物为油滴或金藻昆布糖，具单核。

生境：常生长在池塘、沟渠中，伊犁河偶见浮游藻类。

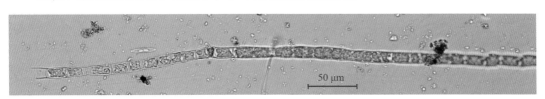

拟丝状黄丝藻 *Tribonema ulothrichoides* Pasch.

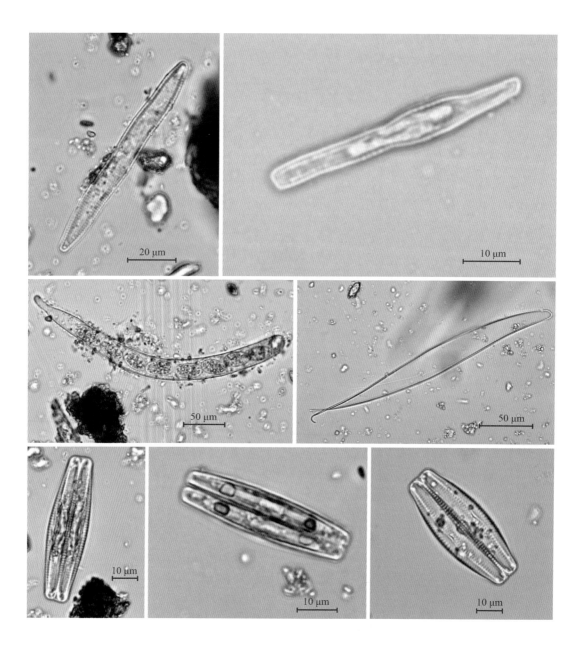

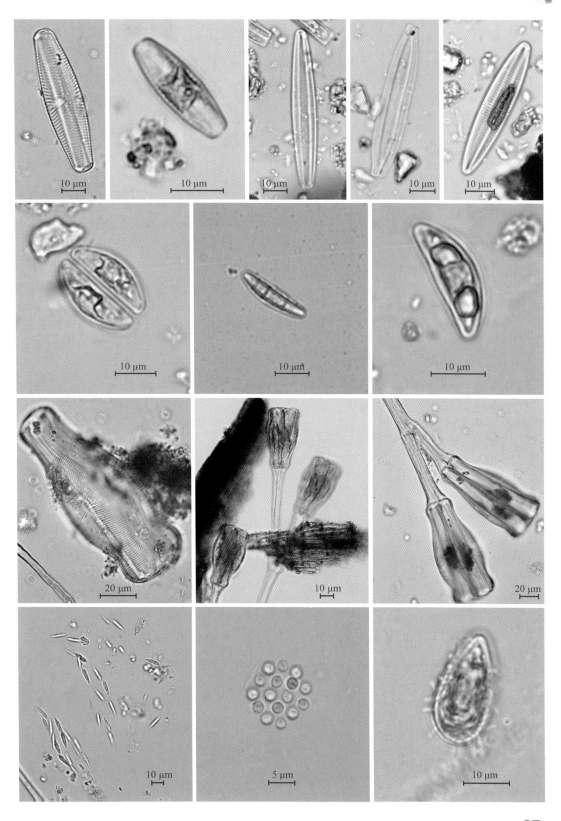

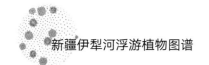
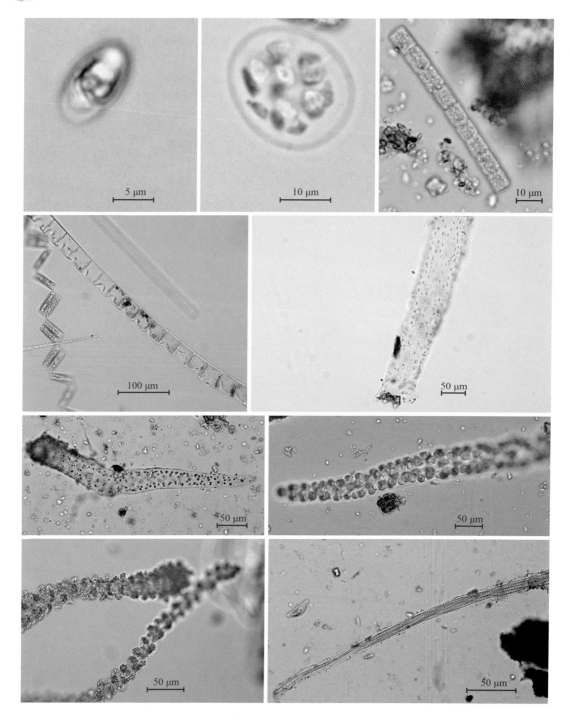